引黄灌区水资源优化配置与调控技术

齐学斌　黄仲冬　李　平　乔冬梅　著

黄河水利出版社

·郑州·

内 容 提 要

本书主要包括绪论、引黄灌区水资源转化关系研究、引黄灌区水资源优化配置技术、引黄灌区不同渠井灌水配比对土壤水盐动态及作物生长的影响、引黄灌区基于遥感面向对象分类的区域农作物净灌溉需水量时空变化、引黄灌区基于 GIS 的渠井结合灌溉机井空间布局优化、引黄灌区水资源配置的环境效应初步评估等研究成果。本书以水资源可持续利用、农业高效用水及生态环境保护为主要目标,采取微观研究与宏观分析相结合、机制研究与空间分析相结合,以及试验与模拟相结合的技术路线,构建了引黄灌区水资源优化配置与调控技术模式,研究成果为促进灌区水资源的高效可持续利用及农业的绿色发展奠定了重要的研究基础,兼具理论性、实践性和资料性。

本书可供从事农业、水利、气象及生态环境等领域的广大科技工作者、工程技术人员、管理人员使用,也可供相关专业大专院校师生阅读参考。

图书在版编目(CIP)数据

引黄灌区水资源优化配置与调控技术/齐学斌等著. ——
郑州:黄河水利出版社,2020. 10
ISBN 978-7-5509-2856-5

Ⅰ.①引… Ⅱ.①齐… Ⅲ.①黄河-灌区-水资源管理-
资源配置-优化配置-研究 Ⅳ.①TV213.4

中国版本图书馆 CIP 数据核字(2020)第 238691 号

出 版 社:黄河水利出版社　　　　　　　　　网址:www.yrcp.com
　　　地址:河南省郑州市顺河路黄委会综合楼 14 层　　邮政编码:450003
发行单位:黄河水利出版社
　　　发行部电话:0371-66026940、66020550、66028024、66022620(传真)
　　　E-mail:hhslcbs@ 126. com
承印单位:河南新华印刷集团有限公司
开本:787 mm×1 092 mm　1/16
印张:9.75
字数:230 千字　　　　　　　　　　　　印数:1—1 000
版次:2020 年 10 月第 1 版　　　　　　　　印次:2020 年 10 月第 1 次印刷

定价:58.00 元

前　言

　　我国引黄灌区设计灌溉面积1.24亿亩(1亩=1/15 hm²,余同),分布在全国北方9个省(区)的粮食主产区,在经济、社会及粮食安全保障方面发挥了重要作用。本书针对引黄灌区存在的水资源配置不合理,水利用效率低下,水土环境恶化,灌溉保证率不高,严重制约农业可持续发展及粮食安全等问题,以解决困扰引黄灌区绿色发展的关键问题——实现灌区"节水、用水、养水"协同发展为切入点和突破口,以引黄灌区水土资源高效可持续利用为目标,历经多年的研究与探索,在引黄灌区水资源优化配置理论与调控模式研究上取得了重要进展,建立了引黄灌区基于广义水资源理论的多种水资源优化分配方案、适宜渠井用水比例关键参数及机井优化布局方案,从根本上解决了我国引黄灌区水资源分配与工程布局不匹配问题。本书总结了作者近年来在引黄灌区水资源优化配置与农业高效用水等方面的研究成果,对于实现灌区农业水资源的安全可持续利用,促进灌区生态环境保护及农业的可持续发展具有重要意义。

　　近年来,在科学技术部、农业农村部、水利部、国家自然科学基金委员会、中国农业科学院等部门的资助下,中国农业科学院农田灌溉研究所主持完成了公益性行业(农业)科研专项课题"沿黄典型井渠结合灌区作物高效用水技术集成与示范"、国家自然科学基金项目"基于土壤病原菌与重金属生态效应的再生水分根区交替灌溉调控机制"、水利部项目"农田灌溉项目水资源论证技术要点分析"、水利部项目"灌溉规划分析"、中国农业科学院科技创新工程"华北地区节水保粮协同创新行动"项目"华北山前平原节水农业综合技术集成示范(新乡示范点)"课题和中国农业科学院科技创新工程项目"农业水资源优化配置调控技术"等科研项目,深入开展了引黄灌区水资源转化机制、引黄灌区水资源优化配置技术、引黄灌区不同渠井灌水配比对土壤水盐动态及作物生长的影响、引黄灌区基于遥感面向对象分类的区域农作物净灌溉需水量时空变化规律、引黄灌区基于GIS的灌区机井空间布局优化等方面研究,取得了不少研究成果,本书是在上述研究成果的基础上经过系统总结编写完成的,得到了上述项目的大力资助。

　　全书共分为七章。第一章为绪论,主要介绍了研究背景及研究意义、国内外灌区水资源配置研究现状、主要研究内容及研究区概况与空间数据库;第二章为引黄灌区水资源转化关系研究。主要开展了灌区水资源转化模型及验证、降雨变化对作物土壤水分动态的影响、灌区水资源转化关系分析、灌区土壤水分有效性分析等;第三章为引黄灌区水资源优化配置技术,主要开展了灌区水文过程及模拟、灌区水资源均衡分析、灌区水资源优化配置模型;第四章为引黄灌区不同渠井灌水配比对土壤水盐动态及作物生长的影响,主要研究了不同渠井灌水配比对冬小麦生长发育的影响、不同渠井灌水配比对夏玉米生长发育的后续效应研究、不同渠井灌水配比对土壤盐分空间变异影响分析;第五章为引黄灌区基于遥感面向对象分类的区域农作物净灌溉需水量时空变化,主要研究了灌区净灌溉需水量计算模型、基于Landsat数据的作物种植面积提取、灌区净灌溉需水量的时空分布规律、灌区净灌溉需水量的影响因素分析;第六章为引黄灌区基于GIS的渠井结合灌溉机井空间布局优化,主要研究了基于GIS的优化模型的建立、基于GIS的地下水数值模拟模型的建立、变化环境条件下灌区地下水模拟预报;第七章为引黄灌区水资源配置的环境效应初步评估,主要开展了沿黄典型渠井结合灌区农业水平衡模型构建、模型参数测定及率定、模型评价与结果分析、渠井结合灌区农田水循环与生态影响、渠井结合灌区水循环要素与农业用水相关评价。

本书是全体项目研究人员辛勤劳动的结晶,全书由齐学斌、黄仲冬、李平、乔冬梅负责统稿,全书具体编写分工为:第一章由齐学斌、黄仲冬、李平、杜臻杰、胡艳玲、高青编写,第二章由黄仲冬、胡艳玲、杜臻杰编写,第三章由黄仲冬、乔冬梅编写,第四章由乔冬梅、齐学斌、张现超编写,第五章由齐学斌、常迪、梁志杰编写,第六章由齐学斌、张嘉星编写,第七章由李平、齐学斌、张彦编写。

除上述编写人员外,先后参加上述项目研究的人员还有刘铎、李开阳、赵志娟、李中生、王鑫、樊涛等,在此表示感谢!另外,本书还参考了其他专家的研究成果与资料,均已在参考文献中列出,在此一并表示感谢!特别感谢黄河水利出版社在出版过程中给予的大力支持和帮助。

由于时间仓促,水平有限,书中欠妥或谬误之处在所难免,敬请读者批评指正。

作 者

2019 年 4 月

目　录

第一章　绪　论 …………………………………………………………（1）
　　第一节　研究背景及研究意义 …………………………………（1）
　　第二节　国内外灌区水资源配置研究现状 ……………………（3）
　　第三节　主要研究内容 …………………………………………（7）
　　第四节　研究区概况与空间数据库 ……………………………（7）
第二章　引黄灌区水资源转化关系研究 ………………………………（14）
　　第一节　灌区水资源转化模型及验证 …………………………（14）
　　第二节　降雨变化对作物土壤水分动态的影响 ………………（23）
　　第三节　灌区水资源转化关系分析 ……………………………（28）
　　第四节　灌区土壤水分有效性分析 ……………………………（38）
第三章　引黄灌区水资源优化配置技术 ………………………………（45）
　　第一节　灌区水文过程及模拟 …………………………………（45）
　　第二节　灌区水资源均衡分析 …………………………………（50）
　　第三节　灌区水资源优化配置模型 ……………………………（52）
第四章　引黄灌区不同渠井灌水配比对土壤水盐动态及作物生长的影响 …（54）
　　第一节　试验设计与研究方法 …………………………………（54）
　　第二节　不同渠井灌水配比对冬小麦生长发育的影响 ………（56）
　　第三节　不同渠井灌水配比对夏玉米生长发育的后续效应研究 …（62）
　　第四节　不同渠井灌水配比对土壤盐分空间变异影响分析 …（67）
第五章　引黄灌区基于遥感面向对象分类的区域农作物净灌溉需水量时空变化
　　……………………………………………………………………（74）
　　第一节　灌区净灌溉需水量计算模型 …………………………（74）
　　第二节　基于 Landsat 数据的作物种植面积提取 ……………（75）
　　第三节　灌区净灌溉需水量的时空分布规律 …………………（83）
　　第四节　灌区净灌溉需水量的影响因素分析 …………………（89）
　　第五节　结　论 …………………………………………………（93）
第六章　引黄灌区基于 GIS 的渠井结合灌溉机井空间布局优化 ……（95）
　　第一节　灌区地下水动态变化规律及影响因素 ………………（95）
　　第二节　基于 GIS 的优化模型的建立 ………………………（102）
　　第三节　基于 GIS 的地下水数值模拟模型的建立 …………（107）
　　第四节　变化环境条件下灌区地下水模拟预报 ……………（114）
　　第五节　结论与建议 …………………………………………（121）

第七章　引黄灌区水资源配置的环境效应初步评估 ……………………（124）

　　第一节　沿黄典型渠井结合灌区农业水平衡模型构建 ……………（124）

　　第二节　模型参数测定及率定 ………………………………………（128）

　　第三节　模型评价与结果分析 ………………………………………（129）

　　第四节　渠井结合灌区农田水循环与生态效应 ……………………（136）

　　第五节　渠井结合灌区水循环要素与农业用水相关评价 …………（141）

参考文献 …………………………………………………………………（146）

第一章 绪 论

第一节 研究背景及研究意义

一、我国水资源面临的严峻形势

随着社会发展、城市化进程加快和人口增长,水资源危机已成为人类发展的重要制约因素之一。国家统计局数据显示,2016 年我国水资源总量为 32 466 亿 m^3,而人均水资源占有量仅为 2 355 m^3。全国总用水量为 6 103 亿 m^3,约占世界总用水量的 13%,水资源供需矛盾突出,在地下水不被开采的情况下,正常年份缺水量将近 400 亿 m^3(《中国水资源公报》,2016)。《水利改革发展"十三五"规划》指出,全国缺水量已达 500 多亿 m^3,60%以上的城市不同程度缺水。我国水资源在时空分布方面也存在较大的差异性,由东南至西北呈现降低趋势,长江淮河以北地区土地利用面积占全国总面积的 65%、拥有的总人口数量占全国总人口数量的 40%,耕地面积达到全国耕地面积的 1/2 以上,但所拥有的水资源总量只有全国的 20%,长江淮河以南耕地面积占全国耕地面积的 37%,而水资源量占全国总量的 81%。

我国作为一个人口大国,农业是立国之本,农业用水占全国总用水量的 63%,而灌溉在农业生产过程中始终占据着重要的历史地位,灌溉对农业的可持续发展具有非常重要的支持作用。但随着工业化、城市化进程加快,水资源"农转非"现象日益突出,水短缺、水污染和农业用水生产率偏低等问题相互交织,且在短时间内不可能有根本性改变。近年来,我国用水结构虽然发生变动,农业用水份额逐渐下降,但农业用水短缺问题依然是我国缺水方面的主要矛盾。目前,在全国 1.33 亿 hm^2 耕地中,0.55 亿 hm^2 为无灌溉条件的干旱地,每年有 2 亿 hm^2 农田受旱灾威胁,农业缺水量已达 3 000 亿 m^3。

地下水作为重要供水水源之一,尤其在我国的北方地区,在保障中国粮食生产安全方面发挥了重要作用。近年来,随着我国水资源短缺情况的不断加剧,为满足农业用水,长期过度开采地下水,导致含水层疏干,灌区地下水生态环境遭到破坏。

二、灌区农业用水存在的问题

(1)灌区水资源合理配置与保护政策有待加强。

在灌区水资源管理方面,虽然有了《中华人民共和国水法》、《中华人民共和国水污染防治法》、《国务院关于实行最严格水资源管理制度的意见》(国发〔2012〕3 号)等法规与文件,特别是明确提出了实施水资源管理"三条红线",即水资源开发利用控制红线、用水效率控制红线和水功能区限制纳污红线,并将水资源管理提高到了一个空前的高度,但目前灌区还缺少量化的、具有可操作性的约束性管理指标,还没有形成水资源管理的硬性约束。在灌区水资源管理制度建设、政策机制建设、社会参与机制建设、水管队伍建设、水价形成机制和运行管理模式等方面也较为薄弱。

(2)灌区水资源的统一管理与统一调度机制不健全。

目前灌区水资源一般由多个部门共同管理。地表水一般由灌区管理局(站)管理,主要负责灌区规划制定、水利工程设施的日常管理和维修养护、防汛排涝和防汛抢险、灌溉试验、水量分配、水价制定与水费收缴等;地下水一般由地方水行政主管部门管理(水利局或水务局)。尽管两个主管部门同属于水利部门,但由于职能划分界限不清,加之各自利益的不同,很难做到水资源的统一管理。要实现灌区水资源的合理配置与优化调度,必须打破水资源行政管理上的"条块分割"现象,建立灌区水资源的统一管理机构,只有这样才能实现灌区水资源的统一管理、统一调度、统一配置,充分发挥灌区水资源的最大效益。

(3)灌区水资源优化配置模型与方法实用性不强。

近年来,随着科学技术的迅速发展,灌区水资源管理新技术与新方法不断涌现。灌区水资源优化配置与调控的对象由单水源、单用水部门发展到复杂的多水源、多用水部门;配置内容由单纯的水量配置发展到水量、水质统一调配;配置目标由单目标发展到多目标,并且在新的优化理论、技术和算法下使多目标的问题求解变得非常简单;配置模型由单一数学规划模型发展到数学规划与向量优化理论、模拟技术等多种方法的混合模型。但由于灌区水资源下垫面与边界条件以及农业用水系统的复杂性,如何将水资源优化配置模型计算结果用于指导灌区的实际配水,目前还比较困难。另外,由于模型的通用性不强,很难将基于某个灌区研发的模型应用到其他灌区进行使用。上述情况直接限制了灌区水资源优化配置模型的推广应用,因此迫切需要研发功能强大、通用性强、操作简便及实用的灌区水资源优化配置模型与方法。

(4)灌区水资源优化配置基础条件较为薄弱。

要进行灌区水资源的优化配置,如果没有大量翔实的信息作为支撑,即使再好的模型与方法,也只能是空谈。灌区信息化为实现灌区水资源优化配置提供了平台。灌区信息化管理就是充分利用现代信息技术,深入开发和广泛利用灌区信息资源,大大提高信息采集和加工的准确性及传输的时效性,做出及时准确的反馈和预测,为灌区管理部门提供科学的决策依据,全面提升灌区管理的效率和效能。目前,我国灌区信息测量技术主要是水文和工业上成熟技术的直接移植,主要存在环境适应性差和成本较高等问题,由于灌区的环境对电子设备来说相对恶劣,而且点多面广,因此对产品的稳定性和成本就极其敏感。影响灌区信息化发展的另外一些因素是,资金投入不足、监测力量普遍比较薄弱、复合型人才匮乏及网络建设滞后等。目前,在灌区水资源管理系统中,地表水输配水系统斗渠以上工程较为完善,量测设备较为齐全,信息容易获取,但田间作物需水信息、地下水开采量信息、灌水信息等往往缺乏实测数据,这就直接限制了灌区水资源优化配置模型作用的发挥。

第二节 国内外灌区水资源配置研究现状

一、灌区水资源管理政策

(一)国内研究现状

近年来,针对灌区水资源管理中出现的管理薄弱、水的利用效率不高及生态环境恶化等突出问题,我国进行了大量的研究工作,相继出台了《取水许可和水资源费征收管理条例》、《实行最严格水资源管理制度考核办法》、《关于加强地下水超采区水资源管理工作的意见》、《水利部办公厅关于加强灌溉用水定额管理的指导意见》(办农水〔2014〕205号)等,水资源管理工作逐渐步入正轨。但总体来讲,中国水资源管理还较为粗放:第一,地下水无限制开发,缺乏有效管理;第二,在水资源管理中,忽视了地下水自身的特点,地下水资源评价、规划、立法、监测和监督管理等基础工作也相对滞后;第三,水资源管理存在重开发、轻保护现象,忽视地下水的生态环境功能,从而引发一系列生态环境问题,对地下水水质保护缺乏有效的监管措施。可见,我国在灌区水资源管理政策与法规方面存在立法滞后及相应的行政管理不协调,与国外发达国家相比差距较大。

(二)国外研究现状

美国注重灌区综合性的水资源管理,强调水资源的综合利用,而非单一水资源管理。不仅重视水资源开发对当地经济发展的影响,而且重视水资源开发、利用对其他地区资源和生态环境的影响,将水文与生物、环境、社会需要及经济需要统筹起来,综合考虑水资源开发、利用、节约和保护。为解决灌区地下水衰竭问题,普遍做法是识别出地下水衰竭的地区,加以控制。例如,在占有权制的各州,一旦管理机构确定出现地下水衰竭问题的地方,就不允许在该地区打新井;在适宜使用权制的内布拉斯加州和亚利桑那州,都建立了有关地下水衰竭的法令,控制地下水的开采;在绝对所有权的得克萨斯州,也对灌溉径流加以控制,并开展节水普及教育计划,加强地下水的保护。

以色列的水资源管理立法很有特色。鉴于水是以色列的生命线和战略资源,以色列《水法》规定水资源是公共财产,由国家控制,私人不得拥有水资源,所有的水污染,包括点源和非点源污染都被禁止。以色列在灌区水资源管理方面采用先进的信息技术和自动化技术进行高效管理,并针对不同绿化植物的品种,不同需水量和需水时间,全部采用智能控制供水,避免水资源浪费。智能控制供水系统能根据相应区域的用水数据,计算出最恰当的供水压力,用水量大时送水压力自动增加,用水量小时送水压力自动减小。农业灌溉用水几乎全部采用计算机自动化控制系统,设置水分传感器,按时定量灌溉,极大地提高了灌溉水的利用效率。以色列还制定了一系列法规来改进污水处理厂出水的水质,以促进回用,并减少环境和健康风险。一个重要目标是利用回用的污水代替淡水作为灌溉用水。目前,以色列几乎50%的灌溉用水源于处理过的污水。

澳大利亚政府20世纪90年代以来,不断推进水改革的进程,提出了一系列水资源改革措施,使澳大利亚水资源状况在可持续利用方面呈现出新的态势。澳大利亚对于灌区节水的调节主要有以下几方面:①开放水权交易,其中用水额度可以自由交易,促使水资源向使用价值高的方面转移,使用水户更直接地参与供水管理;②改革水价,促进节水,制定全成本水价,确保水的分配和收费结构能够对提高用水效率产生激励作用;③采纳流域水资源一体化的水资源管理机制,实施可交易的水权,分配水给环境,达到环境与发展的平衡;④在灌溉工程管理上,已逐步实施由政府管理转为私人企业管理,并采取必要的措施使工程实现良性运行。在灌区地下水利用和管理方面也有着长期的经验积累。如评价含水层的可持续开采量,并确定水资源的可持续使用限度;重视地表水与地下水资源的统一管理、地下水与地表水的相互作用、地下水的环境价值;设立监测目标和调控机制,以评价政策手段的应用是否达到了管理目标,对地下水的监测也起到重要作用;重视土地利用活动对地下水水质的影响及地下水资源保护等。

德国非常重视灌区地下水监测制度建设,并取得成效。地下水监测的目的是:及时消除地下水质量的危险变化、补救和降低污染造成的危害、评估保护措施的效用,这一职责属于联邦州政府。监测体系能够及时清除危害地下水的物质,并在恰当的时期采取合适的保护措施。为了保护地下水不受污染,德国在农业生产中使用化肥、农药方面的法律更为严格。不仅对生产化肥、农药的企业制定了严格的生产许可证申报程序,而且对农业施肥、喷药也有相当严格的规定。德国使用喷灌不仅节约了地下水资源,而且节省劳力和能源、改善农产品质量,是百利而无一害的节水技术。

巴西能够比较好地保护和合理利用水资源,主要得益于立法和各种规章制度。从联邦政府到州市各级政府均有负责管理和保护水资源的部门,并同各地非官方的保护水资源和环境组织相配合,协调解决各方在用水问题上的冲突,督促执行水法。巴西在灌区水资源方面引进最重要的理念是水资源综合管理,将水资源综合管理定义为"为流域利益相关者提供保障,以促进和协调可持续水资源管理和发展方面的多目标"。从大的方面来说,水资源综合管理理念为巴西目前正在实施解决水问题的公共策略和制度提供了概念和方法。

由此可见,国外在灌区水资源管理政策与措施方面,特别重视水资源综合管理政策与措施的制定,注重综合决策与管理的一体化,重视水资源的可持续开发利用及生态环境保护,并不断完善水资源管理体制与运行模式,以适应社会、经济与环境发展需要。国外完善的法律法规体系,对于保护水资源起到了重要作用。

二、灌区水资源循环转化规律

(一)国内研究现状

中国在水资源循环转化方面的研究起步相对较晚,但发展很快。20世纪80年代中后期,雷志栋和杨诗秀提出了大气水、地表水、土壤水、地下水之间的"四水"转化概念,从理论和实践上对给水度概念做出了正确解释。1995年,康绍忠等建立麦田"五水"(大气水、地表水、地下水、土壤水和植物水)转化的动力学模式,揭示了麦田水分微循环的规律。2006年,王浩等提出了水资源全口径层次化动态评价方法,将分布式水文模型与集总式水资源调配模型耦合,建立了二元水资源评价模型。2011年,夏军等将分布式水文模型与地下水数值模型耦合,建立了变化环境下跨流域调水的大尺度水文循环模型,不仅考虑了自然的产汇流规律,同时考虑了人类活动的影响。由此可见,在灌区水资源循环转化规律研究方面,我国经历了从田间尺度至区域或流域尺度、从集中参数至分布式参数、从单一水文过程至水文与社会复杂系统的转变过程,研究工作向更广、更深方向发展。

(二)国外研究现状

"四水"转化关系的研究是陆面水文循环的一个主要部分。20世纪初,随着近代水文学的发展,以产汇流理论为基础建立的概念性水文模型得以广泛应用,逐步揭示了大气降水、地表水、土壤水和地下水之间相互转化、相互制约的关系。在降雨入渗的研究中,最有名的是HORTON、GREEN和AMPT、PHILIP入渗模型。特别是1966年,Philip在分析和总结前人成果的基础上,提出了较完整的关于"土壤—植物—大气连续体"的概念,将"土壤—植物—大气连续体"作为一个整体,用连续、系统、动态的观点和统一的能量标准,定量研究系统中水分运移、热能传输的物理学和生理学机制及其调控理论,奠定了现代农田水分研究的理论基础。此后,随着GIS和遥感技术的发展,遥感技术在估算潜在蒸散量的应用方面得到了极大的发展。20世纪90年代初,国际地圈生物圈计划将水文循环生物圈列为其四大核心课题之一,SPAC(Soil-Plant-Atmosphere Continuum)系统的研究已经成为当前学术界的热点之一。可见,在灌区水资源循环转化规律研究方面,国外更加关注从系统的角度进行研究,并重视新技术与新方法的引入,研究工作更为深入。

三、灌区水资源优化配置模型与方法

(一)国内研究现状

中国灌区水资源科学分配方面的研究始于20世纪60年代,最初的研究以水库优化调度为先导。从20世纪80年代初开始,水资源配置理论与方法研究步入快速发展期。曾赛星和李寿声运用动态规划法,确定内蒙古河套灌区各种作物的灌水定额及灌水次数;贺北方等对多水库多目标最优控制运用的模拟与方法,灌区渠系优化配水、大型灌区水资源优化分配模型、多水源引水灌区水资源调配模型及应用进行了研究;王浩等提出了"二元水循环"理论,并耦合分布式水文模型、水资源合理配置模型、多目标决策分析模型,开发了"天然—人工"二元水循环模型,应用于三川河、海河等流域水资源管理上;张展羽等根据农业水土资源相互关联、相互制约的特点,将水土资源优化配置作为大系统问题进行研究,建立了缺水灌区农业水土资源优化配置模型。由此可见,在灌区水资源优化配置模型与方法研究方面,国内随着计算机科学的发展,研究工作不断深入,经历了从线性至非线性、单目标至多目标、确定性至随机性、解析模型至数值模型、低微至高微、单个系统至复杂大系统的转变过程,水资源优化配置模型考虑的因素更多,功能更强。

(二)国外研究现状

国外灌区水资源配置研究源于20世纪40年代由Masse提出的水库优化调度问题。20世纪70年代以来,伴随数学规划和模拟技术的发展及其在水资源领域的应用,水资源优化配置的研究成果不断增多。Romjin和Taminga考虑了水的多功能性和多种利益的关系,强调决策者和决策分析者间的合作,建立了水资源分配问题的多层次模型,体现了水资源配置问题的多目标和层次结构的特点。Willis应用线性规划方法求解了1个地表水库与4个地下水含水单元构成的地表水、地下水运行管理问题,地下水运动用基本方程的有限差分式表达,目标为供水费用最小或当供水不足情况下缺水损失最小。20世纪90

年代以来,由于水污染和水危机的加剧,传统的以供水量和经济效益最大为水资源优化配置目标的模式已不能满足需要,国外开始在水资源优化配置中注重水质约束、水资源环境效益以及水资源可持续利用研究,使得水资源量与质管理方法的研究产生了更大的活力。Fleming 等以经济效益最大为目标,考虑了水质运移的滞后作用,并用水力梯度作为约束来控制污染扩散,建立了地下水水质水量管理模型。Carlos 等以经济效益最大为目标,建立考虑了不同用水部门对水质不同要求的污水、地表水、地下水等多种水源管理模型。Ortes 等以概念性的半分布式水量平衡模型为基础,在 GIS 上建立了提高水利用率的灌溉制度模拟模型——GISAREG 模型。可见,国外在灌区水资源优化配置模型与方法研究方面与国内类似,也是随着计算机技术和系统论的发展,研究工作不断深入,但国外更加关注水资源优化配置过程中的生态环境问题,以及水资源可持续利用问题,并重视模型的实际应用及用于管理者的决策。

四、灌区水文生态研究

(一)国内研究现状

1998 年,冯国章提出水文生态系统的概念,指出水文生态系统是由水文系统和生态系统复合而成的,集水文循环与生态进化及其共同的自然环境和人工环境于一体,具有耗散结构和远离平衡态的、开放的、动态的和非线性的复杂巨系统。代俊峰和崔远来研究指出:灌溉水文学是重点研究灌溉对灌区不同尺度的水分循环、水量转化的影响,及其对灌区生产力影响的一门学科,它包括地表径流、非饱和带水流、植物冠层截留、蒸发蒸腾、地下水流、河流、渠道流等多个水文过程,各个过程之间既相互联系又相互影响。李佩成研究指出:灌区水文系统是人为地修筑引、输、配水渠道(管道)系统,将河水或井水引至田间,浇灌农田的灌溉工程;依靠灌溉工程保证作物、林果苗壮成长所需水分,配合光、热、气、土壤资源和生物资源的组合,形成具有良好农业生产条件的新生态系统——灌区水文生态系统。张建云等研究提出,变化环境对流域产汇流产生重要影响,改变了原有河道的产汇流规律,因此研究变化环境下灌区水文生态问题及水资源规划管理具有十分重要的科学意义。可见,国内关于灌区水文生态研究,还仅局限于概念与内涵的界定,还处于初步探讨阶段,灌区水文生态究竟要研究哪些内容?如何给予科学定义?如何与灌区水资源优化配置与管理相结合?如何考虑变化环境对其的影响等?还有很多工作要做。

(二)国外研究现状

Dunbar 和 Acreman 将水文生态学定义为:在一定的空间和时间尺度上,利用水文学、水力学、地貌学、生物学及生态学的综合知识评估淡水生物区系及生态系统对非生物因素的响应的学科。Wallender 和 Grismer 认为灌溉水文学是研究灌溉农业生态系统中物质的运输、转化、累积等特点及因社会、环境和资源保护等原因而引起的水资源短缺条件下(包括供水量减少和水质恶化)农产品产量可持续性的学科,研究对象的空间尺度从微观尺度变化到几百平方千米,时间尺度从秒跨越到几个世纪。David 认为,水文生态学是寻找生态系统与水之间复杂联系,将水文学中的物理过程与生态学中的生物进程结合起来用于科学研究的学科,包含不同尺度的研究内容,对于全球和地区尺度,水文学过程与气候、陆地植被之间的相互作用决定了人类和生态环境的水资源利用量。以上可见,关于灌区水文生态研究,国外该领域的研究历史不长,仅限于对水文生态学概念的探讨与分析,但国外对水文生态学的定义内容更为丰富、内涵更为宽泛。

第三节　主要研究内容

针对灌区水资源配置存在的主要问题,本书以人民胜利渠渠井结合灌区为例,重点开展了以下几方面的研究。

一、不同渠井灌水配比对土壤水盐动态及作物生长的影响

通过研究不同灌水定额、不同灌水比例对土壤水分和盐分在作物根层运移的影响,提出土壤水盐对不同灌水定额、不同渠井灌水比例的响应机制,探索土壤水盐空间变异规律。通过不同渠井灌水配比主要作物(小麦、玉米)不同生育阶段内的生理生态指标研究,提出作物关键生育期内的敏感指标。综合作物—土壤系统的生态指标和环境指标,提出基于粮食高产和环境友好的渠井结合灌区适宜灌水比例。

二、基于遥感面向对象分类的区域农作物净灌溉需水量时空变化

以人民胜利渠灌区为研究区,基于遥感影像数据,提取主要农作物种植面积;改进基于土壤水分动态随机模型的点尺度净灌溉需水量计算模型,构建区域农作物净灌溉需水量计算模型;对研究区的净灌溉需水量时空分布规律分析,并分析影响研究区的净灌溉需水量变化的主要因素。

三、基于 GIS 的渠井结合灌区机井空间布局优化

将地下水的模拟模型与优化模型相结合,采用 MATLAB 编程对地表水和地下水资源的配置及作物的种植面积进行了优化,根据灌区多年实测资料用 ArcGIS 进行统计计算,结合 MODFLOW 建立了渠井结合灌区地下水动态的模拟模型,并用地下水模拟模型设置不同情景模式对灌区的地下水进行多年的预测,为高效使用灌区水资源提供理论基础。

第四节　研究区概况与空间数据库

一、地理位置与地形地貌

人民胜利渠灌区是中华人民共和国成立后在黄河下游兴建的第一个引用黄河水灌溉的大型自流灌区。灌区位于河南省北部黄河北岸,东经 113°30′～114°30′,北纬 35°00′～35°30′,跨新乡、焦作、安阳 3 市,涉及新乡、原阳、获嘉、延津、卫辉、卫滨区、红旗区、武陟、滑县等 9 个县(市、区)。

灌区设计灌溉面积 99 200 hm²,骨干渠道总长 1 860 km,有各类建筑物约 5 100 座。灌区自 1952 年 4 月开灌以来,经过近 60 年的建设与管理,已逐步形成“渠井结合”的灌溉网络和干、支、斗齐全的排水体系,在农田灌溉、抗旱补源、沉沙改土、灌溉科研、环境保护

等方面都取得了辉煌成就,产生了巨大的经济效益和社会效益。灌区现状(2015年)控制面积2 021 km²,实际引水灌溉面积743 km²。

二、气候条件

灌区属于温带半干旱半湿润大陆性季风气候区,四季交替分明。冬季寒冷干燥,夏季炎热多雨,春季干旱多风沙,秋季秋高气爽。多年平均最高气温20 ℃,最低气温9.4 ℃,平均日照时数2 243.4 h,光照充足,昼夜温差较大,有利于农作物生长和干物质的积累,热量资源可满足小麦杂粮或麦秋两熟的需要。多年平均年降水量566.8 mm,年内雨量分配不均,6~9月降雨量占70%以上。年参考作物蒸散量1 054.9 mm,平均相对湿度67.3%,风速2.15 m/s。

三、水文条件

灌区主要河流包括卫河、东孟姜女河和西孟姜女河。卫河位于灌区北部,从合河闸起向东北方向流经新乡市、卫辉市、滑县于内黄县出境,是灌区的总承泄区,担负着灌区820 km²的涝水和地下水排泄任务。东孟姜女河位于灌区东部,自东三干小河渡槽起向东北方向至卫辉市东入卫河,全长33.78 km,流域面积382.5 km²,河底在地面以下3~4 m,多年平均排水总量为$6.7×10^7$ m³,其中汛期排水量为$3.2×10^7$ m³,汛期以排泄流域内涝水和工业废水为主,非汛期以排灌溉退水和工业废水为主。近年来,随着灌溉管理水平的提高,引黄灌溉退水量逐年减少,东孟姜女河现在主要排泄汛期洪水和工业废水,其中工业废水年排泄量达$1.0×10^7$ m³,占15%。西孟姜女河位于灌区西部,自获嘉后小召起向东北方向至新乡市西入卫河,全长28.7 km,流域面积197 km²,河底地面以下3~4 m,多年平均排水量$2.6×10^7$ m³,其中汛期排水量$1.1×10^7$ m³。

四、灌溉排水渠系

灌区现有总干渠1条、干渠6条、支渠64条,斗渠391条、农渠1 651条,渠道总长1 923 km。总干渠自渠首闸开始,自西南向东北至新乡市饮马口入卫河,长53.7 km,设计流量80 m³/s,实际过水能力60 m³/s;设计衬砌长度45.4 km,实际衬砌长度17.11 km,衬砌率38%。

现有6条干渠分别为东一干渠、西干渠、二分干、东三干、南分干和新东一干渠,总长184.4 km,设计流量8~35 m³/s,实际输水能力5.6~25 m³/s,实际衬砌长度83 km,衬砌率45%。现有支渠64条,总长422.8 km,设计流量1.01~7.6 m³/s,实际输水能力0.6~4.6 m³/s;实际衬砌长度91 km,衬砌率21.5%。

灌区实行灌排分设的渠系布置,主要排水渠包括卫河、东孟姜女河、西孟姜女河、南长虹渠、西流清河和文岩渠。卫河除涝治理标准为10年一遇,设计流量108 m³/s,河底在地面以下3.5~5 m,由于引黄济卫和灌区退水致使河床淤积,影响排水。东孟姜女河是灌区骨干排水河道之一,除涝治理标准5年一遇,除涝流量52.8 m³/s,主要排泄东一、东二、东三灌区涝水。西孟姜女河主要排泄西一灌区涝水,除涝治理标准为5年一遇,除涝流量37.6 m³/s。东、西孟姜女河目前淤积严重,致使排涝能力降低,水质污染也比较严重。

　　南长虹渠位于灌区东北部,全长 24 km,流域面积 152.7 km^2,渠底在地面以下 2.5~3 m,担负着灌区东三干、四支、加四支、五支和七支渠的排水,除涝标准 5 年一遇,排涝流量 43.2 m^3/s。西柳青河位于灌区东部境内,自河道闸流向东南入金堤河上游红旗渠,全长 32.5 km,流域面积 189 km^2,担负太行堤以北、南分干渠的涝水,设计除涝治理标准为 5 年一遇。文岩渠位于灌区南部,承担太行堤以南、南分干渠灌区的排水,设计除涝治理标准为 3 年一遇。

五、灌溉引水量

　　灌区灌溉水源主要有引黄水和地表水。近年来,由于黄河水资源实行以供定需,灌区引黄水量受到限制,保证率为 50% 时,分配给灌区的引黄水量为 5.37×10^8 m^3。灌区主要供水对象包括农业灌溉、新乡市工业与生活用水、乡镇生活和乡镇企业及农村人畜用水,其中,引黄农业灌溉水量 2005~2011 年平均值为 2.79×10^8 m^3(见图 1-1)。

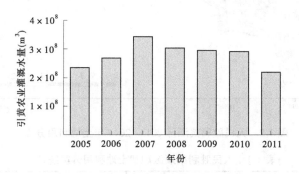

图 1-1　2005~2011 年人民胜利渠灌区农业灌溉引黄水量

六、灌区空间数据库构建

(一)土地利用数据

　　灌区土地利用情况在很大程度上决定着蒸散发和深层渗漏的格局,因此准确获取土地现状利用情况对于灌区水资源合理利用评价、作物需水和农业生产管理等研究具有十分重要的意义。

　　目前,土地利用数据一般根据卫星影像利用遥感处理软件解译得到。近几年来,随着城市化进程的加快,住宅用地不断扩大,再加上引黄水量减少,水田面积不断减少,灌区土地利用类型与 10 年前相比发生了较大变化。因此,本书采用 2013 年 NASA 新发射的 Landsat 8 卫星 OLI 传感器的影像数据,利用 ENVI 和 ArcGIS 解译影像数据得到灌区的现状土地利用分布(见图 1-2)和统计表(见表 1-1)。OLI 传感器包括 9 个波段,空间分辨率为 30 m,其中包括一个 15 m 的全色波段。卫星影像成像时间分别为 2013 年 8 月 7 日、2013 年 10 月 10 日、2013 年 12 月 27 日和 2014 年 5 月 6 日。

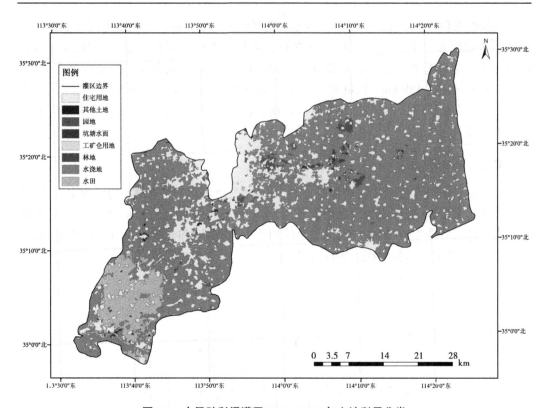

图 1-2 人民胜利渠灌区 2013~2014 年土地利用分类

表 1-1 人民胜利渠灌区现状土地利用分类统计

编码	分类名称	面积(km²)	百分比(%)
01	耕地	1 581.67	78.24
02	园地	28.38	1.40
03	林地	5.80	0.29
06	工矿仓储用地	2.53	0.13
07	住宅用地	393.83	19.48
11	水域及水利设施用地	5.39	0.27
12	其他土地	3.98	0.20

注:依据《土地利用现状分类》(GB/T 21010—2007)进行分类。

灌区土地利用类型主要以耕地为主,耕地上种植的作物包括小麦、玉米、水稻、棉花、花生和油菜,大部分实行小麦—玉米轮作和小麦—水稻轮作。其中,小麦—玉米轮作面积1 356.3 km²,占 67.1%;小麦—水稻轮作 150.5 km²,占总面积的 7.4%。由于棉花、花生和油菜所占面积较小且分散,难以利用卫星影像资料进行提取,本书将其概化为小麦—玉米轮作体系。城镇住宅用地和农村宅基地所占面积为 392.3 km²,位列第二,占总面积的19.4%。其次为其他土地,面积为 17.8 km²,占总面积的 4.5%,以空闲地、设施农用地和裸地为主。

(二)土壤数据

灌区内土壤类型以脱潮土、两合土、小两合土、沙土、草甸风沙土和淤土为主

（见图 1-3）。

　　灌区土壤质地包括壤土、砂黏壤、砂土、沙壤土、壤黏土、黏壤土和粉壤土（见图 1-4），分别占总面积的 35.8%、21.1%、19.3%、9.8%、8.6%、3.1% 和 2.4%（见图 1-5）。土壤水力参数一般通过两种方法获得：直接测定和根据土壤物理性质资料估算。灌区土壤颗粒含量和土壤水力参数见表 1-2。

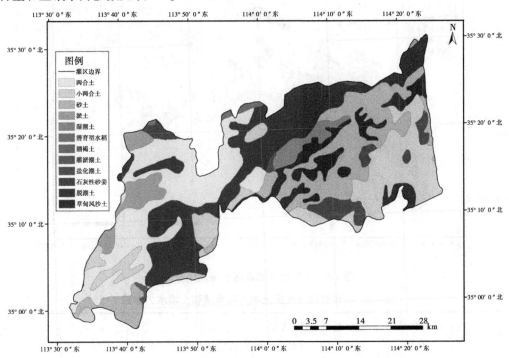

图 1-3　人民胜利渠灌区土壤类型分布

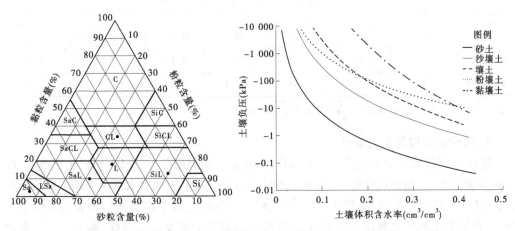

Sa—砂土；LSa—壤质砂土；SaL—砂质壤土；SaCL—砂质黏壤土；SaC—砂质黏土；C—黏土；CL—黏质壤土；L—壤土；SiC—粉质黏土；SiCL—粉质黏壤土；SiL—粉质壤土；Si—粉土。下同

图 1-4　人民胜利渠灌区土壤质地和土壤水分特征曲线

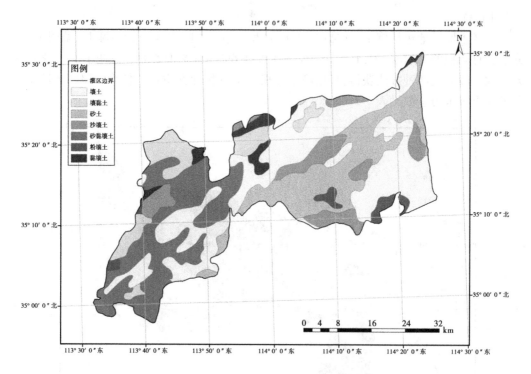

图 1-5　人民胜利渠灌区土壤质地分布

表 1-2　人民胜利渠灌区土壤颗粒含量和土壤水力参数

土壤质地	砂粒含量（%）	粉粒含量（%）	黏粒含量（%）	K_s（cm/d）	n	a（kPa）	b
砂土	92	5	3	326.2	0.438	2.294×10^{-3}	3.45
砂质壤土	58	32	10	84.4	0.423	2.447×10^{-2}	4.14
壤土	43	39	18	28.9	0.410	2.863×10^{-2}	5.05
粉质壤土	17	70	13	21.3	0.416	5.523×10^{-1}	3.29
黏质壤土	32	34	34	7.1	0.424	9.842×10^{-3}	7.59

注：$\psi = a\theta^b$，ψ 为土壤负压，kPa；θ 为土壤体积含水率，cm^3/cm^3。

（三）空间离散与水文单元

灌区空间离散主要基于灌区下垫面条件，包括土地利用分布、土壤分布、地面高程、灌溉排水渠系布置、地下水分布等，对水文单元的划分一般依据地表水系统和地下含水层系统，由于研究区地势平坦，灌溉排水渠道大多为人工改造，地下水系统与地表水系统差异较大，再加上土壤和土地利用的影响，水文单元的划分十分复杂。因此，本书采用网格法进行空间离散，每一个网格即为一个水文单元。水文单元的特性是土地利用、土壤、地面高程、灌溉渠系、排水渠系和地下水等空间分布的综合反映，如图 1-6 所示。

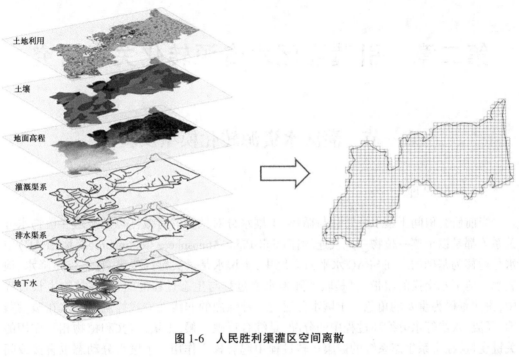

图 1-6　人民胜利渠灌区空间离散

第二章　引黄灌区水资源转化关系研究

第一节　灌区水资源转化模型及验证

一、模型原理

当前研究田间土壤水分转化与循环、土壤水分对植物的有效性以及土壤—植物水分关系等都是以土壤—植物—大气连续体(Soil-Plant-Atmosphere Continuum,简称 SPAC)中水分运移为基础的。在 SPAC 水平衡系统中,土壤水是最关键的要素,它不仅是降水、地表水与地下水交换的纽带,也是联系陆地水文过程与生态过程的纽带,在植物生长过程中,扮演着极为重要的角色。土壤水分通过一种强烈的非线性方式控制着降水在蒸发蒸腾、径流、入渗等水分循环过程中的分配,是综合反映气候、土壤、水文和植物相互作用的关键变量,在维系生态系统的健康运转过程中起着核心作用。土壤水分动态也直接或间接控制着气象过程、植物生长过程、土壤生物化学过程、地下水动态及 SPAC 养分和污染物的交换。

在 SPAC 系统中,土壤、植物和大气之间的相互作用不是简单的线性关系,由于降水随机性、大气扰动、土壤非均质性、地形条件、人类活动等一系列不确定因素的存在,土壤水分在时间和空间上表现出明显的随机性。这种随机性决定了在研究田间水分转化时,需要采用概率统计的思想来阐释土壤、作物、大气之间水分转化的复杂关系。

因此,本书针对黄淮海高产农田生态系统(冬小麦—夏玉米轮作系统),建立蒸发蒸腾、渗漏、径流等与土壤水分及地下水位的动力学关系,开展田间尺度 SPAC 系统水分转化关系研究,进而在灌区尺度上探讨降水(包括灌溉)资源的转化关系,以期为农田生态系统土壤水分高效利用与调控提供理论依据。

在地下水位埋藏较深的条件下,田间尺度的水分转化过程包括降雨(包括灌溉)、冠层截留、地表入渗、地表径流、深层渗漏、蒸发蒸腾等过程。在均质各向同性土壤中,不考虑水分的侧向运动,以土壤水分为状态变量的一维水平衡微分方程表达为

$$nZ_r \frac{\mathrm{d}s(t)}{\mathrm{d}t} = \varphi[s(t),t] - \chi[s(t)] \tag{2-1}$$

式中　　n——孔隙度;

　　　　Z_r——根系层厚度,cm;

　　　　$s(t)$——饱和度;

　　　　$\varphi[s(t),t]$——地表入渗量,cm/d;

　　　　$\chi[s(t)]$——根层水分损失量,cm/d;

　　　　t——时间,d。

田间尺度水分转化关系见图 2-1。

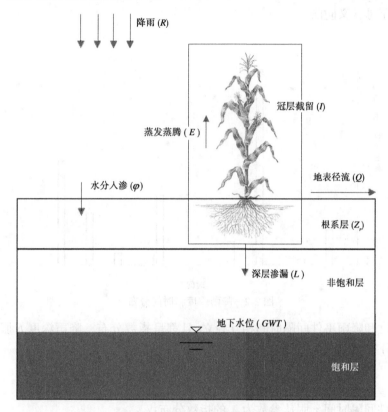

图 2-1　田间尺度水分转化关系

地表入渗量为扣除植被冠层截留和地表径流之后，进入土壤中的部分降雨量：

$$\varphi[s(t),t] = R(t) - I(t) - Q[s(t),t] \tag{2-2}$$

式中　$R(t)$——降雨量，cm/d；

　　　$I(t)$——植被冠层截留量，cm/d；

　　　$Q[s(t),t]$——地表径流量，cm/d。

根层水分损失量主要为植被蒸发蒸腾和深层渗漏量：

$$\mathcal{X}[s(t)] = E[s(t)] + L[s(t)] \tag{2-3}$$

式中　$E[s(t)]$——植被蒸发蒸腾量，cm/d；

　　　$L[s(t)]$——深层渗漏量，cm/d。

（一）降雨随机模拟

自然界中降雨事件发生的时间和降雨量是随机的，在统计的意义上，降雨过程为一随机过程（见图 2-2）。如果以日为尺度进行计算，并且不考虑每一次降雨事件内降雨强度的变化，那么降雨过程就可以采用泊松过程来近似表达：

$$R(t) = \sum_i h_i \delta(t - t_i) = \sum_i h_i \delta \tau_i \tag{2-4}$$

式中　$h_i(i = 1, 2, 3, \cdots)$——降雨深度序列，cm；

　　　$\delta(\cdot)$——Dirac delta 函数；

$\tau_i = t_i - t_{i-1}(i = 1, 2, 3, \cdots)$——降雨事件间隔时间序列,d;

其余字母含义同前。

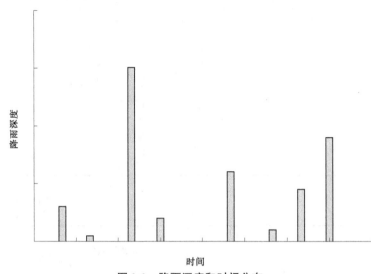

图 2-2　降雨深度和时间分布

降雨深度和降雨事件间隔时间相互独立,且都呈指数分布。降雨深度 h 服从参数为 $1/\alpha$ 的指数分布:

$$f_H(h) = \frac{1}{\alpha} e^{-\frac{1}{\alpha}h} \quad (h \geq 0) \tag{2-5}$$

降雨事件间隔时间 τ 服从参数为 λ 的指数分布:

$$f_T(\tau) = \lambda e^{-\lambda\tau} \quad (\tau \geq 0) \tag{2-6}$$

(二)植被冠层截留

植被冠层对降雨的截留机制比较复杂,冠层截留量不仅与植被类型、冠层结构、LAI 有关,还与降雨强度和降雨持续时间有关。为了便于模型的构建和求解,对冠层截留采用如下假定:当降雨深度 h 小于或等于降雨冠层截留临界值 Δ 时,降雨在植被冠层被全部截留;当降雨深度 h 大于 Δ 时,截留之后降落到土壤表面的实际降雨深度为 $h' = h - \Delta$。

采用上述假定之后,降落到土壤表面的实际降雨过程也可以采用类似式(2-4)的泊松过程来描述:

$$R(t) - I(t) = \sum_i h'_i \delta(t - t'_i) \tag{2-7}$$

降雨事件的频率变为:

$$\lambda' = \lambda \int_\Delta^\infty f_H(h)\mathrm{d}h = \lambda e^{-\Delta/\alpha} \tag{2-8}$$

(三)地表入渗与径流

当土壤有足够的空间容纳所有降雨时,降雨全部入渗到土壤中,不会产生地表径流;当降雨量超过土壤的储水空间时,地表径流产生。因此,地表入渗量和径流量与降雨量、土壤水分状态密切相关。

地表入渗是由降雨驱动并且与土壤水分状态相关的随机过程,其概率分布为:

$$f_\gamma(y,s) = \gamma e^{-\gamma y} + \delta(y - 1 + s)\int_{1-s}^{\infty} \gamma e^{-\gamma u}\,du \quad (0 \leqslant y \leqslant 1 - s) \tag{2-9}$$

其中，$\gamma = nZr/\alpha$；其余字母含义同前。

地表入渗过程表达为：

$$\varphi[s(t),t] = nZ_r\sum_i y_i\delta(t - t_i') \tag{2-10}$$

其中，$y_i(i = 1,2,3,\cdots)$为服从式(2-9)分布的地表入渗事件序列；其余字母含义同前。

(四)植被蒸发蒸腾

植被蒸发蒸腾量与气候条件、植被参数和土壤水分状态密切相关。当土壤水分充足时，蒸发蒸腾量主要由气象条件和植被参数(如辐射、温度、LAI等)决定；当土壤干旱时，蒸发蒸腾量还受到土壤水分条件的控制。植被蒸发蒸腾与气象、植被和土壤水分之间的关系采用下式来描述：

$$E(s) = \begin{cases} 0 & (0 < s \leqslant s_h) \\[2mm] E_w\dfrac{s - s_h}{s_w - s_h} & (s_h < s \leqslant s_w) \\[2mm] E_w + (E_{max} - E_w)\dfrac{s - s_w}{s^* - s_w} & (s_w < s < s^*) \\[2mm] E_{max} & (s^* < s \leqslant 1) \end{cases} \tag{2-11}$$

式中　$E(s)$——蒸发蒸腾量，cm/d；

E_{max}——潜在蒸发蒸腾量，cm/d；

E_w——当土壤含水率等于凋萎系数时的土壤蒸发量，cm/d；

s_h——吸湿系数；

s_w——凋萎系数；

s^*——植被叶片气孔开始关闭的临界含水率；

其余字母含义同前。

(五)深层渗漏

在地下水埋藏较深的条件下，忽略毛管上升水对土壤根系层的作用，根系层底部的边界条件假定为自由排水边界，并假设深层渗漏只在土壤水分超过田间持水量时产生，于是深层渗漏量可用下式计算：

$$L(s) = K(s) = \frac{K_s}{e^{\beta(1-s_{fc})} - 1}\left[e^{\beta(s-s_{fc})} - 1\right] \quad (s_{fc} < s \leqslant 1) \tag{2-12}$$

式中　$L(s)$——深层渗漏量，cm/d；

$K(s)$——非饱和水力传导度，cm/d；

K_s——饱和水力传导度，cm/d；

s_{fc}——田间持水率；

β——经验参数；

其余字母含义同前。

(六)土壤水分概率密度函数

从式(2-3)可以得到土壤水分的损失函数为：

$$\rho(s) = \frac{\chi(s)}{nZ_r} = \frac{E(s) + L(s)}{nZ_r} = \begin{cases} 0 & (0 < s \leqslant s_h) \\ \eta_w \dfrac{s - s_h}{s_w - s_h} & (s_h < s \leqslant s_w) \\ \eta_w + (\eta - \eta_w)\dfrac{s - s_w}{s^* - s_w} & (s_w < s \leqslant s_{fc}) \\ \eta & (s^* < s \leqslant s_{fc}) \\ \eta + m\left[e^{\beta(s - s_{fc})} - 1 \right] & (s_{fc} < s \leqslant 1) \end{cases} \quad (2\text{-}13)$$

将土壤水分损失函数转化为土壤水分概率密度的 Chapman-Kolmogorov 方程为:

$$\frac{\partial}{\partial t} p(s,t) = \frac{\partial}{\partial s}\left[p(s,t)\rho(s) \right] - \lambda' p_0(t) + \rho(s_h)p(s_h,t) \quad (2\text{-}14)$$

从方程(2-14)求解出土壤水分的概率密度函数为:

$$p(s) = \begin{cases} \dfrac{C}{\eta_w}\left(\dfrac{s - s_h}{s_w - s_h}\right)^{\frac{\lambda'(s_w - s_h)}{\eta_w} - 1} e^{-\gamma s} & (s_h < s \leqslant s_w) \\[3mm] \dfrac{C}{\eta_w}\left[1 + \left(\dfrac{\eta}{\eta_w} - 1\right)\left(\dfrac{s - s_w}{s^* - s_w}\right) \right]^{\frac{\lambda'(s^* - s_w)}{\eta - \eta_w} - 1} e^{-\gamma s} & (s_w < s \leqslant s^*) \\[3mm] \dfrac{C}{\eta} e^{-\gamma s + \frac{\lambda'}{\eta}(s - s^*)}\left(\dfrac{\eta}{\eta_w}\right)^{\frac{\lambda'(s^* - s_w)}{\eta - \eta_w}} & (s^* < s \leqslant s_{fc}) \\[3mm] \dfrac{C}{\eta} e^{-(\beta + \gamma)s + \beta s_{fc}}\left[\dfrac{\eta e^{\beta s}}{(\eta - m)e^{\beta s_{fc}} + m2e^{\beta s}} \right]^{\frac{\lambda'}{\beta(\eta - m)} + 1}\left(\dfrac{\eta}{\eta_w}\right)^{\frac{\lambda'(s^* - s_w)}{\eta - \eta_w}} e^{\frac{\lambda'}{\eta}(s_{fc} - s^*)} & (s_{fc} < s \leqslant 1) \end{cases}$$
$$(2\text{-}15)$$

其中,C 为常系数,可由方程 $\int_{s_h}^1 p(s)\,\mathrm{d}s = 1$ 求出; $\eta_w = E_w/nZ_r$; $\eta = E_{max}/nZ_r$; $m = \dfrac{K_s}{nZ_r\left[e^{\beta(1 - s_{fc})} - 1 \right]}$;其余字母含义同前。

土壤水分概率密度函数综合反映了气候条件、土壤因素和作物水分与土壤水分的关系,是表达不同气候区、不同农田土壤水分特征,分析农田水分转化和区域水量平衡的有力工具。

(七)长时段水平衡要素均值计算公式

根据上述模型,可以得出长期平均的降雨量及其在冠层截留、蒸发蒸腾、深层渗漏和地表径流各水平衡要素分配的计算公式:

长时段平均降雨量:

$$\langle R \rangle = \alpha\lambda \quad (2\text{-}16)$$

长时段平均冠层截留:

$$\langle I \rangle = \alpha\lambda(1 - e^{\Delta/\alpha}) \quad (2\text{-}17)$$

无水分胁迫条件下长时段平均的蒸发蒸腾:

$$\langle E_s \rangle = \alpha\lambda' P(s^*) - \alpha\eta p(s^*) \quad (2\text{-}18)$$

水分胁迫条件下长时段平均的蒸发蒸腾：

$$\langle E_{ns} \rangle = E_{\max}\left[1 - p(s^*)\right] \tag{2-19}$$

长时段平均深层渗漏：

$$\langle L \rangle = \alpha\left[\lambda' - \lambda'p(s_{fc}) - \left(\eta + \frac{K_s}{nZ_r}\right)p(1) + \eta p(s_{fc})\right] - E_{\max}\left[1 - p(s_{fc})\right] \tag{2-20}$$

长时段平均地表径流：

$$\langle Q \rangle = \alpha\left(\eta + \frac{K_s}{nZ_r}\right)p(1) \tag{2-21}$$

以上各式中，$p(s)$ 为土壤水分的累积概率密度函数；其余字母含义同前。

由于参考文献中给出的 $p(s)$ 均存在不同程度的错误，因此本书利用式（2-15）重新对 $p(s)$ 进行了推导，其结果如下：

当 $s_h < s \leqslant s_w$ 时，

$$p(s) = \frac{C}{\eta_w}\mathrm{e}^{-\gamma s_h}(s_w - s_h)\left[\gamma(s_w - s_h)\right]^{-\frac{\lambda'(s_w - s_h)}{\eta_w}} \times$$

$$\left\{\Gamma\left[\frac{\lambda'(s_w - s_h)}{\eta_w}\right] - \Gamma\left[\frac{\lambda'(s_w - s_h)}{\eta_w}, \gamma(s - s_h)\right]\right\} \tag{2-22}$$

当 $s_w < s \leqslant s^*$ 时，

$$p(s) = p(s_w) + \frac{C}{\eta - \eta_w}(s^* - s_w)\left[\frac{\eta_w\gamma(s^* - s_w)}{\eta - \eta_w}\right]^{-\lambda'\frac{s^* - s_w}{\eta - \eta_w}}\mathrm{e}^{-\gamma\left[s_w - \frac{\eta_w(s^* - s_w)}{\eta - \eta_w}\right]} \times$$

$$\left\{\Gamma\left[\frac{\lambda'(s^* - s_w)}{\eta - \eta_w}, \frac{\eta_w\gamma(s^* - s_w)}{\eta - \eta_w}\right] - \Gamma\left[\frac{\lambda'(s^* - s_w)}{\eta - \eta_w},\right.\right.$$

$$\left.\left. \gamma(s - s_w) + \frac{\eta_w\gamma(s^* - s_w)}{\eta - \eta_w}\right]\right\} \tag{2-23}$$

当 $s^* < s \leqslant s_{fc}$ 时，

$$p(s) = p(s^*) + \frac{C}{\lambda' - \gamma\eta}\left(\frac{\eta}{\eta_w}\right)^{\lambda'\frac{s^* - s_w}{\eta - \eta_w}}\left[\mathrm{e}^{-\gamma s + \frac{\lambda'(s - s^*)}{\eta}} - \mathrm{e}^{-\gamma s^*}\right] \tag{2-24}$$

当 $s_{fc} < s \leqslant 1$ 时，

$$p(s) = p(s_{fc}) + \frac{C}{\gamma(\eta - m) - \lambda'}\left(\frac{\eta}{\eta_w}\right)^{\lambda'\frac{s^* - s_w}{\eta - \eta_w}}\mathrm{e}^{\frac{\lambda'}{\eta}(s_{fc} - s^*)}\left\{\mathrm{e}^{-\gamma s_{fc}}\left(\frac{\eta}{\eta - m}\right)^{\frac{\lambda'}{\beta(\eta - m)}} \times\right.$$

$$_2F_1\left[\frac{\lambda'}{\beta(\eta - m)} + 1, \frac{\lambda'}{\beta(\eta - m)} - \frac{\gamma}{\beta}; \frac{\lambda'}{\beta(\eta - m)} + 1 - \frac{\gamma}{\beta}; \frac{m}{m - \eta}\right] -$$

$$\mathrm{e}^{-\gamma s}\left[\frac{\eta}{\eta - m}\frac{\mathrm{e}^{\beta(s - s_{fc})}m + \eta - m}{\mathrm{e}^{-\beta(s - s_{fc})}(\eta - m) + m}\right]^{\frac{\lambda'}{\beta(\eta - m)}} \times {_2F_1}\left[\frac{\lambda'}{\beta(\eta - m)} + 1, \frac{\lambda'}{\beta(\eta - m)} -\right.$$

$$\left.\left.\frac{\gamma}{\beta}; \frac{\lambda'}{\beta(\eta - m)} + 1 - \frac{\gamma}{\beta}; \frac{\mathrm{e}^{\beta(s - s_{fc})}m}{m - \eta}\right]\right\} \tag{2-25}$$

其中,$\Gamma[\ ]$ 和 $\Gamma[\ ,\ ]$ 分别为完全和不完全 Gamma 函数;$_2F_1[\ ,\ ;\ ;\ ]$ 为超几何函数;常数项 C 可由 $p(1) = 1$ 求出。

利用 Mathematica 软件建立了降雨参数、土壤水分概率密度函数、土壤水分累积概率密度函数和水平衡要素均值的计算机模型。

二、模型验证与分析

(一)研究区概况

研究区位于中国农业科学院农业水土环境野外科学观测试验站(河南新乡,东经 113°55′ E,北纬 35°15′ N,海拔 73.2 m)。该区属于暖温带大陆性季风气候,多年平均气温 14.10 ℃,无霜期 210 d,日照时数 2 398.8 h,多年平均降水量 588.8 mm,多年平均蒸发量约 1 800 mm。观测点的土壤为粉壤土,0~100 cm 土壤颗粒组成为砂粒 15%、粉粒 67% 和黏粒 18%。

(二)数据观测与模型参数

降雨、气温、风速、太阳辐射、相对湿度等气象数据由自动气象站(MiniMet,英国)连续采集;土壤含水率采用 TDR 测定,观测深度分别为 20 cm、40 cm、60 cm、80 cm 和 100 cm;土壤孔隙度和田间持水量采用环刀法测量;吸湿系数、凋萎系数和水分胁迫系数利用土壤水分特征曲线确定;土壤饱和导水率采用室内原状土柱法测定;作物蒸发蒸腾量根据作物系数法进行计算。研究区模型参数如表 2-1 所示。

表 2-1　研究区模型参数

名称	描述	单位	冬小麦	夏玉米
n	土壤孔隙度	—	0.44	0.44
Z_r	土壤活动层深度	cm	60	30
Δ	冠层截留能力	mm/d	0.5	1.0
E_{max}	最大蒸腾蒸发量	mm/d	3.7	3.9
E_w	凋萎状态的蒸发蒸腾量	mm/d	0.6	1.1
s_h	吸湿系数(以饱和度表示)	—	0.24	0.24
s_w	凋萎系数(以饱和度表示)	—	0.36	0.38
s^*	水分胁迫系数(以饱和度表示)	—	0.57	0.61
s_{fc}	田间持水量(以饱和度表示)	—	0.75	0.75
K_s	土壤饱和导水率	cm/d	14.5	14.5

(三)降雨统计特征

2005~2008 年降雨分布如图 2-3 所示。0~5 mm、5~15 mm、15~25 mm、25~35 mm 以及 35 mm 以上的降雨量所占比例分别为 12.8%、19.5%、24.7%、14.5%、28.5%。两次降雨事件间隔时间最大值为 48 d,最小值为 1 d,平均值为 5 d,间隔时间以 1~15 d 为主,占 91.6%。

2005~2008 年,冬小麦返青至成熟时期(3~5 月)降雨事件的平均深度分别为 6.6 mm、6.2 mm、8.0 mm 和 5.3 mm,降雨频率分别为 0.102/d、0.172/d、0.163/d 和 0.241/d;

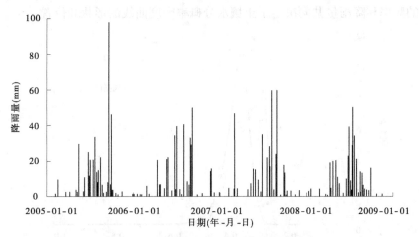

图 2-3　研究区 2005~2008 年降雨量分布

夏玉米全生育期(6~9 月)降雨事件的平均深度分别为 12.6 mm、8.8 mm、9.4 mm 和 9.7 mm,降雨频率分别为 0.102/d、0.172/d、0.163/d 和 0.241/d(见表 2-2)。冬小麦和夏玉米生育期的降雨统计参数差异显著,冬小麦生育期的降雨事件的平均深度和降雨频率明显小于夏玉米。

表 2-2　降雨统计参数

年份	时段	种植作物	平均深度 α(mm)	降雨频率 λ(1/d)
2005	3~5 月	冬小麦	6.6	0.102
	6~9 月	夏玉米	12.6	0.265
2006	3~5 月	冬小麦	6.2	0.172
	6~9 月	夏玉米	8.8	0.288
2007	3~5 月	冬小麦	8.0	0.163
	6~9 月	夏玉米	9.4	0.287
2008	3~5 月	冬小麦	5.3	0.241
	6~9 月	夏玉米	9.7	0.286
平均	3~5 月	冬小麦	6.4	0.169
	6~9 月	夏玉米	10.1	0.281

(四)土壤水分概率分布特征

图 2-4~图 2-6 显示了研究区 2005~2008 年冬小麦、夏玉米土壤水分的概率分布情况。从模拟值(实线)和观测值(虚线)的对比情况来看,随机模型能够较好地对研究区土壤水分的随机特征进行刻画,特别是对于夏玉米土壤水分概率分布,计算值与观测值之间的吻合程度较高。尽管模型的计算结果不能非常精确地描述出土壤水分的概率分布,但还是能够比较准确地刻画出曲线的形状、范围及峰值出现的位置。冬小麦生育期(3~6 月)的土壤水分概率分布曲线为 0.25~0.6,且峰值较高,而夏玉米生育期(6~9 月)的土壤水分概率分布曲线为 0.25~0.9,峰值较低,这主要是由于冬小麦生育期的降雨较少,降雨频率低的缘故。土壤水分概率分布曲线直接反映了气候条件对土壤水分的影响规律,

降雨事件的频率和降雨量共同决定了土壤水分概率密度曲线的形状和位置。

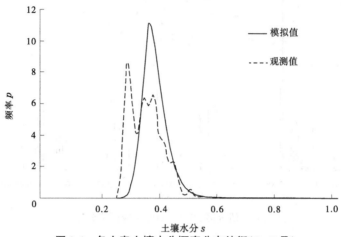

图 2-4　冬小麦土壤水分概率分布特征(3~5月)

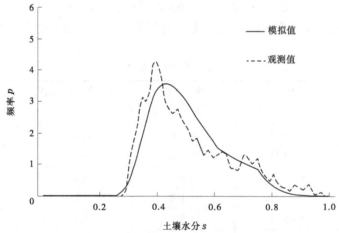

图 2-5　夏玉米土壤水分概率分布特征(6~9月)

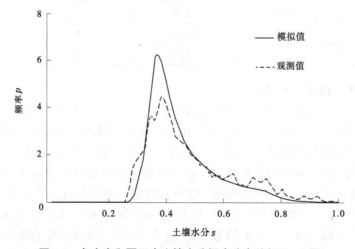

图 2-6　冬小麦和夏玉米土壤水分概率分布特征(3~9月)

第二节　降雨变化对作物土壤水分动态的影响

　　土壤水是联系地表水与地下水的纽带,在水资源的形成、转化及消耗过程中有重要作用。由于受大气、植被及土壤等多种复杂因素的影响,土壤水分通过一种强烈的非线性方式控制着降雨在植被蒸发蒸腾、地表径流、深层渗漏等之间的分配,并表现出极大的不确定性。许多研究者认为,土壤水分的不确定性是其本质特性,降雨的随机变化特征是土壤水分在时间尺度上表现出不确定性的主要影响因素。目前,许多学者针对降雨的变化特征开展了相关研究,基于历史降雨资料利用统计方法分析了降雨变化特征并预测未来的发展趋势,建立了定量描述降雨变化特征的统计参数;在降雨特征与其他水文过程的影响关系方面,陈书军等在对降雨分布格局详细分析的基础上,利用多元统计方法建立了降雨量、降雨历时及雨量级等参数与冠层截留量和降雨再分配之间的相关关系;左海军等利用土壤水动力学的方法探讨了降雨强度和频率与土壤水分变化及深层渗漏的响应关系。采用统计方法、土壤水动力学方法虽然能够直接地分析出土壤水分、蒸发蒸腾、深层渗漏等水平衡项与降雨输入的响应关系,但难以反映降雨的随机性,如降雨量与降雨间隔时间在时间上的分布特征与水平衡项的定量关系,尤其是土壤水分的不确定性与降雨随机性的定量关系。

一、降雨格局及变化趋势

　　研究区 1951~2012 年的年平均降水量为 579.7 mm,降雨在各月的分配极不均匀,4~10 月的降雨量占全年总降水量的 90.38%[见图 2-7(a)],其中,夏玉米生长季节(6~9月)的降雨量占 79.2%,冬小麦生长季节(4~5 月、10 月)的降雨量占 20.8%。将各年4~10 月每场降雨的降雨量绘制成相对频率的直方图,如图 2-7(b)所示,从图中可以看出,0~5 mm、5~10 mm、10~15 mm、15~20 mm、20~25 mm、25~30 mm 以及大于 30 mm 的降雨量分别占 4~10 月总降雨量的 63.5%、12.7%、7.0%、5.0%、3.2%、2.3% 和 6.3%。随着雨量级的增大,降雨量的相对频率呈指数递减的趋势。研究区降雨事件的间隔时间以 0~7 d 为主[见图 2-7(c)],占总间隔时间的 89.5%,降雨间隔时间的相对频率也随着降雨间隔时间的增加呈指数递减的趋势。研究区的降雨事件的间隔时间 τ 和降雨量 h 服从指数分布,均值分别为 $1/\lambda$ 和 α。

　　研究区 1951~2012 年 4~10 月总降雨量的年际动态变化如图 2-8 所示,图中虚线表示 4~10 月总降雨量的平均值 523.9 mm。在这 48 年中,有 26 年的总降雨量(实心圆圈)大于平均值,22 年的总降雨量小于平均值,年际间变化较大,均方差为 173.2 mm,变差系数 C_V 为 0.33。总降雨量极大值 1 130.8 mm 出现在 1963 年[见图 2-8(a)],极小值176.4 mm 出现在 1977 年[见图 2-8(b)],二者之间相差 6.41 倍。

二、降雨统计参数及其分布

　　4~10 月平均降雨量 α 和降雨频率 λ 的年际动态变化趋势如图 2-9(a)、(b)所示。从它们的统计特征来看,α 和 λ 的均值分别为 8.9 mm、0.273/d,均方差分别为 2.46 mm、

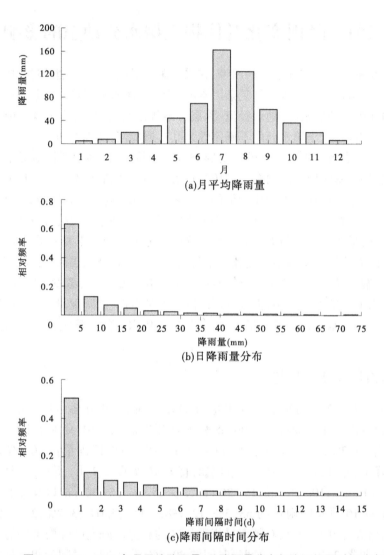

图 2-7　1951~2012 年月平均降雨量、日降雨量分布与降雨间隔时间分布

0.005 8/d,变差系数分别为 0.276、0.212。从降雨参数 α 和 λ 的动态变化趋势可以看出,研究区平均降雨量 α 在年际间的变异性要大于降雨频率 λ。降雨极大值 1963 年的 α 和 λ 分别为 15.9 mm、0.359/d;降雨极小值 1997 年的降雨统计参数 α 和 λ 分别为 5.7 mm、0.138/d。以 α 为横坐标、λ 为纵坐标绘制出它们之间的散点图,如图 2-9(c)所示,从图中可以看出,α 和 λ 的相关性很弱,相关系数为-0.013,因此可以认为研究区的降雨参数 α 和 λ 的动态变化规律是相互独立,互不影响的。

　　将 1957~2004 年的降雨参数 α 和 λ 分别绘制成相对频率的直方图,如图 2-10 所示,从图中可以看出,平均降雨量 α 和降雨频率 λ 均服从 Gamma 分布。利用最大似然估计法估算 α 和 λ 的参数分别为:α ~ Gamma(14.31, 0.62),λ ~ Gamma(24.57, 0.01)。因此,研究区的降雨参数 α 和 λ 是相互独立的且服从 Gamma 分布的随机变量。

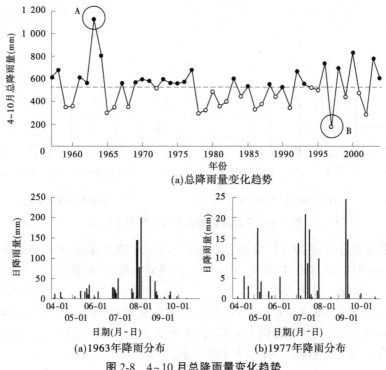

(a)总降雨量变化趋势

(a)1963年降雨分布　　　　　(b)1977年降雨分布

图 2-8　4～10 月总降雨量变化趋势

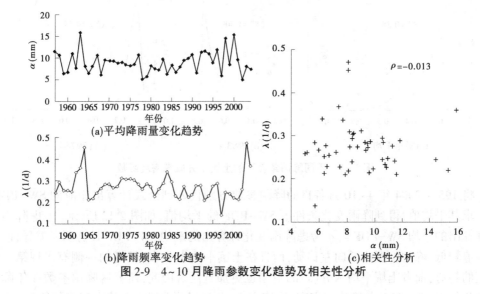

(a)平均降雨量变化趋势

(b)降雨频率变化趋势　　　　(c)相关性分析

图 2-9　4～10 月降雨参数变化趋势及相关性分析

三、降雨年际变化对土壤水分的影响

利用公式计算出研究区在降雨多年平均、极大值(1963 年)以及极小值(1997 年)条件下的土壤水分概率密度函数(SW-PDF)如图 2-11 所示。SW-PDF 在年际之间差异很大,1963 年降雨稀少,平均降雨量(α=5.7 mm)和降雨频率(λ = 0.138/d)偏小,SW-PDF 曲线向左偏移,峰值较大,横坐标 s 大部分都为 0～0.3,这表明该年份的土壤处于一种干

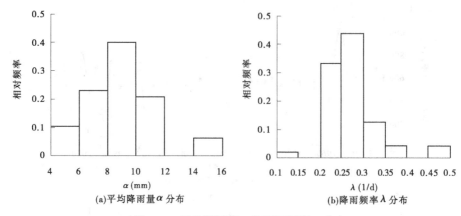

(a)平均降雨量 α 分布　　　　　　(b)降雨频率 λ 分布

图 2-10　平均降雨量 α 和降雨频率 λ 分布

旱的状态,平均水分 $\langle s \rangle$ 为 0.11[见图 2-11(b)];1997 年降雨充沛,平均降雨量(α = 15.9 mm)和降雨频率(λ = 0.359/d)较大,SW-PDF 曲线向右偏移,峰值较大,土壤水分 s 大都为 0.4~0.9,土壤处于湿润状态,平均水分 $\langle s \rangle$ 为 0.68[见图 2-3(c)]。在研究区降雨多年平均条件下(α = 8.9 mm, λ = 0.273/d),冬小麦和夏玉米的 SW-PDF 曲线的峰值出现于 s = 0.34 处,峰值较小,曲线略微向左偏移,表现比较平缓,土壤水分 s 大部分为 0.2~0.6,其均值 $\langle s \rangle$ 为 0.38,土壤处于一种半干旱的状态。

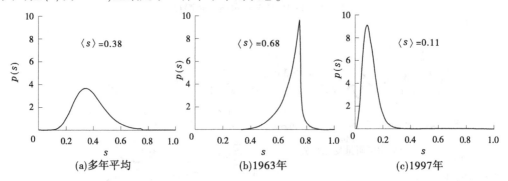

(a)多年平均　　　　　　(b)1963年　　　　　　(c)1997年

图 2-11　不同降雨条件下的土壤水分概率密度函数

将 1957~2004 年 4~10 月各自的降雨参数分别代入到公式计算出相应的 SW-PDF,然后求其平均值,得到降雨变化条件下 SW-PDF 的平均值,如图 2-12 所示。考虑降雨变化计算出的平均 SW-PDF 与不考虑降雨变化计算出的平均 SW-PDF 具有明显差异,前者的峰值较低,峰的位置略微向左移动,而且在土壤平均水分 $\langle s \rangle$ 较高的一侧有出现第二个峰值的趋势,前者土壤平均水分 $\langle s \rangle$ 的范围也更加宽泛。因此,研究区降雨参数在年际间的变化使得 SW-PDF 曲线范围变宽,峰值变小,并且促使曲线由单峰向双峰的趋势发展。

图 2-13 显示了土壤平均水分 $\langle s \rangle$ 与降雨频率(λ)和平均降雨量(α)的关系。土壤平均水分随着降雨频率的增加呈递增的趋势,当平均降雨量较大(α = 20 mm)时,递增速度由快变慢;当平均降雨量较小时,递增速度保持不变。土壤平均水分随平均降雨量的变化趋势也符合上述规律。

研究主要结论如下:

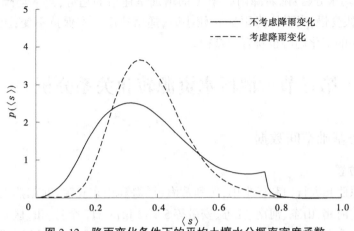

图 2-12　降雨变化条件下的平均土壤水分概率密度函数

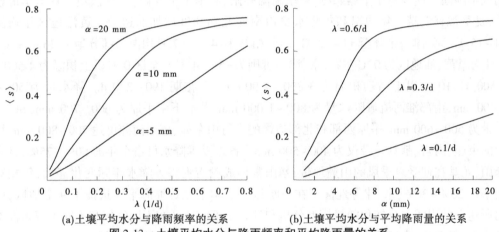

(a)土壤平均水分与降雨频率的关系　　　　(b)土壤平均水分与平均降雨量的关系

图 2-13　土壤平均水分与降雨频率和平均降雨量的关系

(1)研究区 1951~2012 年的年平均降水量为 579.7 mm,降雨在各月的分配极不均匀,4~10 月的降水量占全年总降水量的 90.38%。4~10 月的降雨中,以 0~10 mm 的降雨为主,占总降雨量的 76.2%;降雨间隔时间以 0~7 d 为主,占总间隔时间的 89.5%;降雨量和间隔时间的相对频率呈指数递减的规律。

(2)研究区平均降雨量 α 和降雨频率 λ 的均值分别为 8.9 mm、0.273/d,年际间的变化差异较大,且平均降雨量 α 在年际间的变异性大于降雨频率 λ;降雨参数 α 和 λ 是相互独立的随机变量,且都服从 Gamma 分布:$\alpha \sim$ Gamma(14.31, 0.62),$\lambda \sim$ Gamma(24.57, 0.01)。

(3)在不考虑降雨参数年际变化的情况下,在多年平均条件下,4~10 月土壤水分 PDF 为单峰曲线,峰值出现于 $s = 0.34$ 处,峰值较小,曲线略微向左偏移,表现比较平缓,土壤水分 s 大部分为 0.2~0.6,其均值 $\langle s \rangle$ 为 0.38,土壤处于一种偏旱的状态;在考虑降雨参数年际变化的情况下,降雨参数在年际间的变化使得 SW-PDF 曲线范围变宽,峰值变小,并且促使曲线由单峰向双峰的趋势发展。

(4)土壤平均水分〈s〉随着降雨频率 λ 的增加呈递增的趋势,当平均降雨量 α 较大时,递增速度由快变慢;当平均降雨量 α 较小时,递增速度基本保持不变;土壤平均水分随平均降雨量 α 的变化趋势也符合此规律。

第三节　灌区水资源转化关系分析

一、黄淮海基础空间数据

(一)地理位置

黄淮海平原西起太行山和伏牛山,东到黄海、渤海和山东丘陵,北依燕山,南到淮河,包括北京、天津、河北、山东、河南、江苏、安徽等 5 省 2 市的 317 个县(市、区),耕地面积约为 3.3 亿亩。黄淮海平原大体在淮河以南属于北亚热带湿润气候,以北则属于暖温带湿润或半湿润气候。冬季干燥寒冷,夏季高温多雨,春季干旱少雨,蒸发强烈。春季旱情较重,夏季常有洪涝。年均温和年降水量由南向北随纬度增加而递减。黄淮地区年均温 14~15 ℃,京、津一带降至 11~12 ℃,南北相差 3~4 ℃。7 月均温大部分地区 26~28 ℃;1 月均温黄、淮地区为 0 ℃左右,京、津一带则为−5~−4 ℃。全区 0 ℃以上积温为 4 500~5 500 ℃,10 ℃以上活动积温为 3 800~4 900 ℃,无霜期 190~220 d。降水量为 500~1 000 mm,南部淮河流域降水量为 800~1 000 mm,黄河下游平原为 600~700 mm,京、津一带为 500~600 mm,平原西部和北部边缘的太行山东麓、燕山南麓可达 700~800 mm,冀中的束鹿、南宫、献县一带仅为 400~500 mm。各地夏季降水可占全年的 50%~75%,且多暴雨,尤其在迎受夏季风的山麓地带,暴雨常形成洪涝灾害。降水年际变化甚大,年相对变率达 20%~30%,京、津等地甚至在 30%以上。本书在黄淮海平原选择了 9 个地区,应用所建立的田间水分转化随机模型分析和计算了不同地区在不同气候和不同土壤条件下冬小麦、夏玉米、农田的土壤水分概率密度函数及降水资源的转化规律。

(二)降水资源空间分布

利用黄淮海各地区的气象资料对黄淮海平原典型地区降雨参数的多年平均值(1961~2010 年)进行了分析,计算了不同地区的多年平均年降水量、降雨事件平均深度和降雨事件频率。年降水量的规律基本上是从北到南逐渐增大,济南由于靠近沿海,降雨量偏大。降雨事件的平均深度变化规律与年降水量的变化规律有所不同,降雨事件的平均深度 α 表征的是所有降雨事件的降雨量在事件样本上的平均。徐州的年降水量为 830.1 mm,小于驻马店年降水量的 950.1 mm(见图 2-14),但其降雨事件的平均深度 α 为 10.218 mm,反而大于驻马店的 9.866(见图 2-15)。这说明徐州的降雨量虽然小,但降雨事件发生次数少,相对集中,因而其平均深度较大,从降雨事件的频率 λ 也可以看出,降雨事件频率 λ 为两次降雨事件之间间隔天数的倒数。徐州的降雨频率比驻马店的大(见图 2-16),说明徐州的降雨事件相对集中。降雨参数不仅表示降雨的数量,也表征了降雨的分布情况,降雨量及其在时间上的分布情况在很大程度上影响着土壤水分的大小和分布,进而影响作物对水分的吸收利用。黄淮海年降水量等值线图见图 2-17。

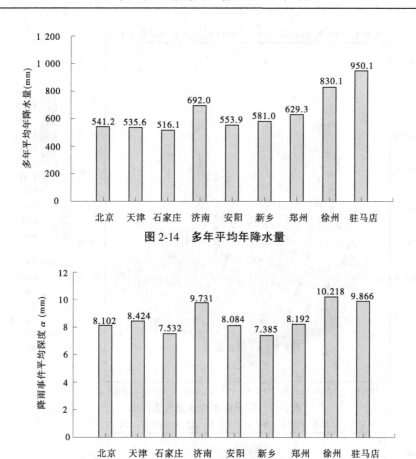

图 2-14 多年平均年降水量

图 2-15 降雨事件平均深度 α

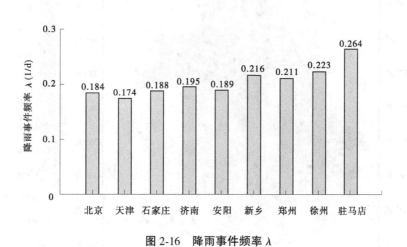

图 2-16 降雨事件频率 λ

(三) 参考作物腾发量(ET_0) 空间分布

黄淮海年 ET_0 等值线图见图 2-18。

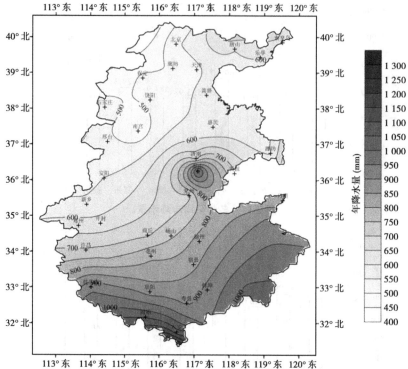

图 2-17　黄淮海年降水量等值线图

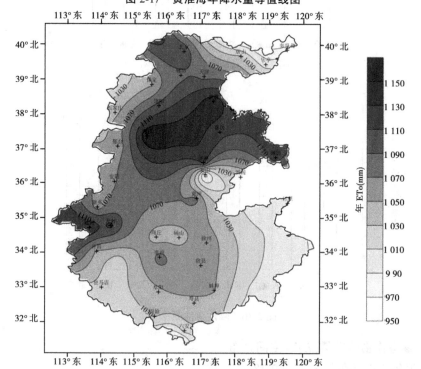

图 2-18　黄淮海年 ET_0 等值线图

(四) 土壤类型空间分布

黄淮海地区的土壤类型分布如图 2-19 所示,将所有土壤类型的质地绘制于土壤质地三角图中如图 2-20 所示。从图中可以看出,黄淮海地区土壤质地主要为壤土、黏壤土、粉壤土和黏土。

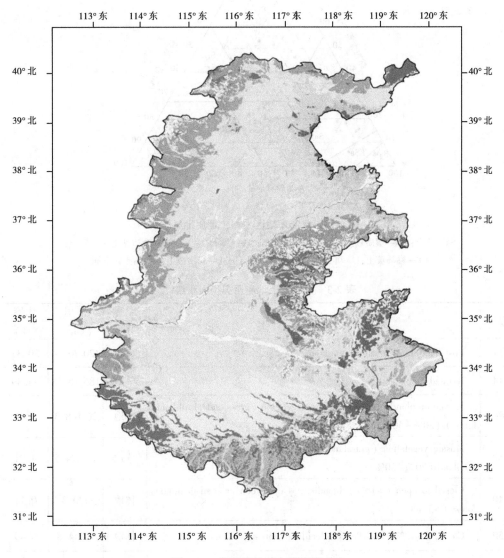

图 2-19　黄淮海地区土壤类型分布

(五) 土地利用类型

黄淮海平原土地利用类型主要以耕地为主,占总土地面积的 83.36%,其中有水源保证和灌溉设施的水浇地占 30.31%,靠天然降水种植农作物的旱地占 53.05%;城市和农村的住宅用地占 4.92%,林地占 3.13%,草地占 6.14%,水域占 2.36%,其他用地占0.09%(见表 2-3)。黄淮海土地利用类型分布见图 2-21。

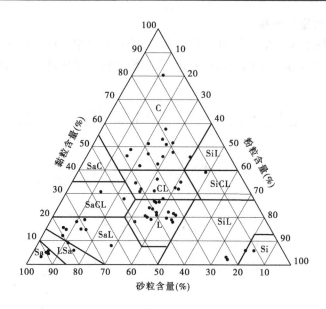

图 2-20　黄淮海地区主要土壤质地类型

Sa—砂土；LSa—壤质砂土；SaL—砂质壤土；SaCL—砂质黏壤土；SaC—砂质黏土；C—黏土；

CL—黏质壤土；L—壤土；SiCL—粉质黏壤土；SiL—粉质壤土；Si—粉土。下同

表 2-3　黄淮海土地利用类型面积统计

编号	英文名称	中文分类	面积（km²）	比例（%）
11	Post-flooding or irrigated croplands（or aquatic）	水浇地	120 702.4	30.31
14	Rainfed croplands	旱地	185 167.8	46.49
20	Mosaic cropland（50%~70%）/ vegetation（grassland/shrubland/forest）（20%~50%）	旱地	26 108.3	6.56
30	Mosaic vegetation（grassland/shrubland/forest）（50%~70%）/ cropland（20%~50%）	草地	19 574.5	4.91
40	Closed to open（>15%）broadleaved evergreen or semi-deciduous forest（>5 m）	林地	420.3	0.11
50	Closed（>40%）broadleaved deciduous forest（>5 m）	林地	1 944.8	0.49
70	Closed（>40%）needleleaved evergreen forest（>5 m）	林地	4 056.1	1.02
100	Closed to open（>15%）mixed broadleaved and needleleaved forest（>5 m）	林地	3 406.7	0.86
110	Mosaic forest or shrubland（50%~70%）/ grassland（20%~50%）	草地	1 537.8	0.39
120	Mosaic grassland（50%~70%）/ forest or shrubland（20%~50%）	林地	1 590.9	0.40

续表 2-3

编号	英文名称	中文分类	面积（km²）	比例（%）
130	Closed to open（＞15%）（broadleaved or needleleaved, evergreen or deciduous）shrubland（＜5 m）	林地	978.3	0.25
140	Closed to open（＞15%）herbaceous vegetation（grassland, savannas or lichens/mosses）	草地	3 344.1	0.84
150	Sparse（＜15%）vegetation	草地	0.2	0.00
170	Closed（＞40%）broadleaved forest or shrubland permanently flooded-Saline or brackish water	灌木林地	1.8	0.00
180	Closed to open（＞15%）grassland or woody vegetation on regularly flooded or waterlogged soil-Fresh, brackish or saline water	草地	15.6	0.00
190	Artificial surfaces and associated areas（Urban areas ＞50%）	住宅用地	19 592.3	4.92
200	Bare areas	裸地	382.1	0.10
210	Water bodies	水域	9 386.3	2.36
220	Permanent snow and ice	冰川及永久积雪	60.7	0.02

二、不同地区土壤水分概率密度函数

对黄淮海平原典型地区田间土壤水分概率密度函数（SW-PDF）进行了计算，其结果如图 2-22、图 2-23 所示，横坐标表示土壤水分（以饱和度 s 表示），纵坐标表示土壤水分出现的频次。从图中可以看出，不同地区 SW-PDF 曲线的形状具有明显差异。降水较少地区的 SW-PDF 曲线表现得比较陡峭，峰值较大（如石家庄和天津），而降水较多地区的 SW-PDF 曲线比较平滑，峰值较小（如徐州和驻马店）。降雨量及其在时间上的分布状况决定了 SW-PDF 曲线的形状。降雨量越小且分布越不均匀的地区，SW-PDF 曲线形状越陡，土壤水分低值出现的频次越多，曲线向左偏移，这表明该地区土壤的干旱程度越大；降雨量和降雨频率越大，SW-PDF 曲线形状峰值越小，曲线较宽且向右偏移，表明该地区土壤的湿润程度越大。

三、不同地区降水资源转化关系

根据式（2-17）～式（2-21）计算了土壤水平衡各项的多年平均值，如图 2-24 所示。从图中可以看出，不同地区的作物在胁迫和非胁迫状态下的腾发量差异较大。随着降雨量的增大，作物在胁迫状态所产生的腾发量（E_s）所占比例减小，在非胁迫状态所产生的腾发量（E_{ns}）所占比例增大。由此可见，作物在不同状态下的所产生腾发量与气候条件密切相关。

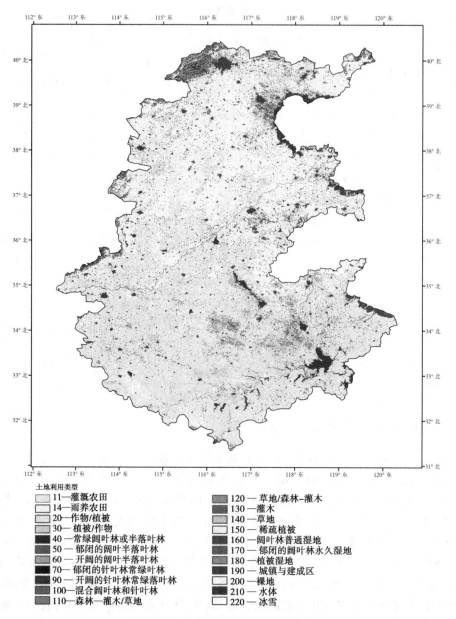

土地利用类型
11—灌溉农田
14—雨养农田
20—作物/植被
30—植被/作物
40—常绿阔叶林或半落叶林
50—郁闭的阔叶半落叶林
60—开阔的阔叶半落叶林
70—郁闭的针叶林常绿叶林
90—开阔的针叶林常绿落叶林
100—混合阔叶林和针叶林
110—森林—灌木/草地

120 — 草地/森林–灌木
130 — 灌木
140 — 草地
150 — 稀疏植被
160 — 阔叶林普通湿地
170 — 郁闭的阔叶林永久湿地
180 — 植被湿地
190 — 城镇与建成区
200 — 裸地
210 — 水体
220 — 冰雪

图 2-21　黄淮海土地利用类型分布

四、黄淮海农业水资源空间分布

依据黄淮海 74 个国家气象台站 1961~2012 年的气象资料,利用模型分别计算了无灌溉条件和以高产为目标的充分灌溉条件下的冬小麦夏玉米轮作系统实际蒸发蒸腾量、地表径流与深层渗漏及灌溉需水量。黄淮海不同灌溉情景下 ET 等值线图见图 2-25、黄淮海不同灌溉情景下地表径流与深层渗漏及灌溉需水量等值线图见图 2-26。

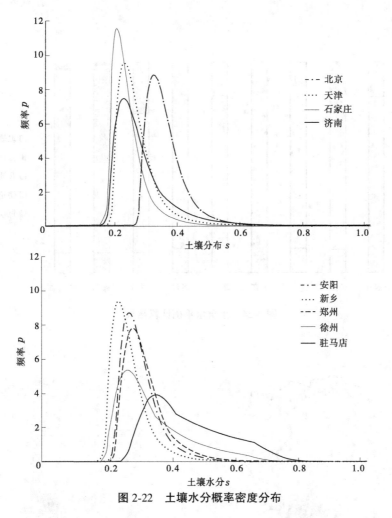

图 2-22 土壤水分概率密度分布

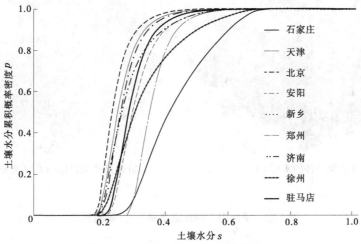

图 2-23 土壤水分累积概率密度分布

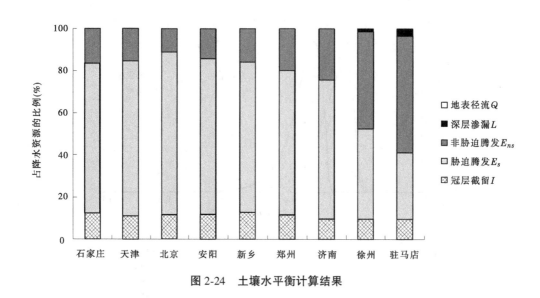

图 2-24　土壤水平衡计算结果

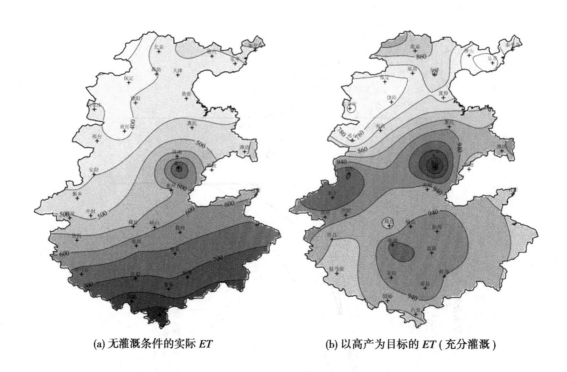

(a) 无灌溉条件的实际 *ET*　　　　　(b) 以高产为目标的 *ET*（充分灌溉）

图 2-25　黄淮海不同灌溉情景下 *ET* 等值线图

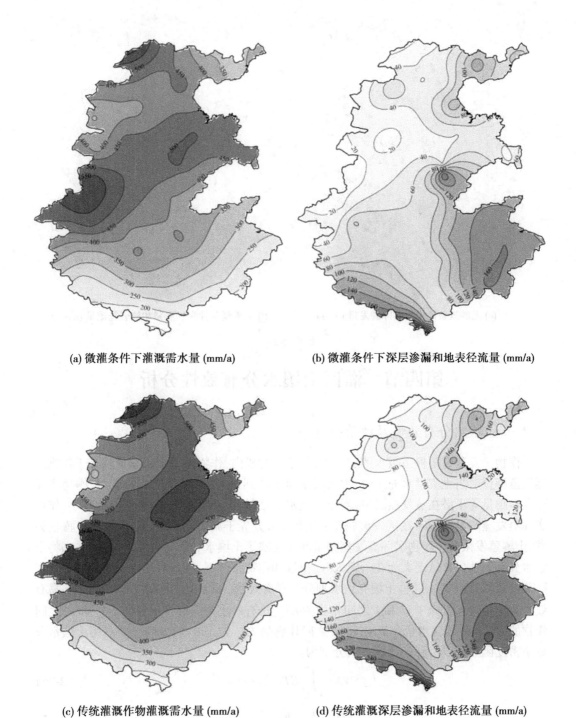

(a) 微灌条件下灌溉需水量 (mm/a)　　　　(b) 微灌条件下深层渗漏和地表径流量 (mm/a)

(c) 传统灌溉作物灌溉需水量 (mm/a)　　　　(d) 传统灌溉深层渗漏和地表径流量 (mm/a)

图 2-26　黄淮海不同灌溉情景下地表径流与深层渗漏及灌溉需水量等值线图

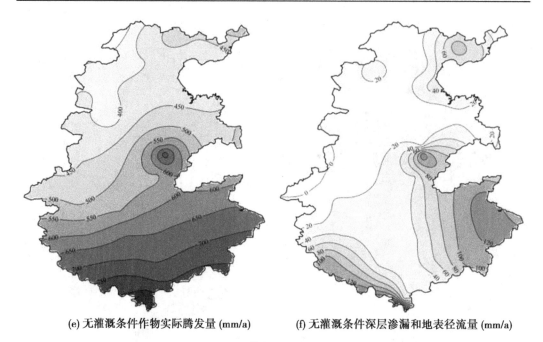

(e) 无灌溉条件作物实际腾发量 (mm/a)　　　　(f) 无灌溉条件深层渗漏和地表径流量 (mm/a)

续图 2-26

第四节　灌区土壤水分有效性分析

一、土壤水分有效性及评价指标

作物蒸发蒸腾是根系吸水的宏观表现,某一时段内,作物根系吸水总量就等于作物的蒸发蒸腾量。当土壤供水充足时,根系吸水速率达到最大,土壤蒸发蒸腾最大,作物实际蒸发蒸腾量等于潜在蒸发蒸腾量;当土壤供水不足时,根系吸水受限,土壤蒸发减小,作物实际蒸发蒸腾量小于潜在蒸发蒸腾量;当土壤水分等于凋萎系数时,作物蒸发蒸腾量为零,土壤蒸发微弱。作物实际蒸发蒸腾量间接反映了土壤水分的有效性。因此,本书将土壤水分有效性(SWA)定义为在一定大气、土壤和作物条件下,某一时段内作物的日平均实际蒸发蒸腾量(ET_a),并将土壤有效水划分为易有效水(SWA_1)和难有效水(SWA_2)。易有效水为土壤含水量介于 s^* 和 1 之间作物的 ET_a,难有效水为土壤含水量介于 s_w 和 s^* 之间作物的 ET_a。土壤含水量介于 s_h 和 s_w 之间作物的 ET_a 为无效水(SWA_3)。利用土壤水分概率密度函数可以得到其计算公式分别为:

$$SWA_1 = \int_{s^*}^{1} ET(s)p(s)\,\mathrm{d}s \tag{2-26}$$

$$SWA_2 = \int_{s_w}^{s^*} ET(s)p(s)\,\mathrm{d}s \tag{2-27}$$

$$SWA_3 = \int_{s_h}^{s_w} ET(s)p(s)\,\mathrm{d}s \tag{2-28}$$

为了便于不同作物之间的比较分析,将 SWA 与潜在蒸发蒸腾量(ET_p)的比值定义为土壤水分有效性系数 F_{SWA}，由于 SWA_3 对作物是无效的，F_{SWA} 的计算公式不包括 SWA_3：

$$F_{SWA} = \frac{SWA}{ET_p} = \frac{SWA_1 + SWA_2}{ET_p} \tag{2-29}$$

二、参数敏感性分析

为了分析土壤水分有效性系数对模型输入参数的响应，同时也为了检验因模型输入参数不确定性可能引起土壤水分有效性系数的不确定性，采用敏感性系数法分析某个参数的改变对模拟结果的影响，敏感性系数采用如下公式计算：

$$X_j = \frac{\partial y}{\partial a_j / a_j} \approx \frac{y(a_j + \Delta a_j) - y(a_j)}{\Delta a_j / a_j} \tag{2-30}$$

式中　X_j——第 j 个参数的敏感性系数；

$\quad\quad y$——土壤水分有效性系数；

$\quad\quad a_j$——第 j 个参数的取值；

$\quad\quad \Delta a_j$——第 j 个参数的变化值。

参数太大的扰动会得出不准确的敏感性系数，因此本书对每个参数采取 5% 大小的扰动。

三、模型参数与数据分析方法

选取 12 种典型的土壤进行分析，不同土壤质地条件下模型的参数取值列于表 2-4 中。s_h 对应的土壤基质势取 -10 MPa，s_{fc} 对应的土壤基质势取 -0.033 MPa，以生长期（T）为 100 d 的夏玉米为研究作物，其 s_w 和 s^* 对应的土壤基质势分别取 -0.8 MPa 和 -0.06 MPa，其他参数分别为：$ET_p = 0.4$ cm/d，$ET_w = 0.1$ cm/d，$\Delta = 0.15$ cm/d，$Z_r = 80$ cm。

表 2-4　不同土壤质地条件下模型的参数取值

质地分类	砂粒（%）	粉粒（%）	黏粒（%）	K_s（cm/d）	β	n	s_h	s_w	s^*	s_{fc}
Sa	88	7	5	247.4	12.65	0.428	0.051	0.091	0.165	0.189
LSa	80	15	5	214.9	11.39	0.423	0.049	0.098	0.198	0.232
SaL	65	25	10	101.0	12.92	0.410	0.107	0.189	0.337	0.385
L	40	40	20	25.4	14.56	0.420	0.212	0.343	0.560	0.627
SiL	20	65	15	21.1	11.30	0.426	0.141	0.282	0.573	0.675
Si	10	85	5	25.5	8.27	0.411	0.047	0.155	0.520	0.688
SaCL	60	15	25	22.3	20.00	0.407	0.302	0.414	0.572	0.617
CL	30	35	35	6.6	19.34	0.452	0.368	0.511	0.717	0.775
SiCL	10	55	35	7.1	17.26	0.480	0.332	0.485	0.718	0.785
SiC	10	45	45	5.1	21.70	0.505	0.426	0.567	0.760	0.813
SaC	50	10	40	2.8	24.31	0.431	0.468	0.600	0.774	0.821
C	25	25	50	1.9	25.50	0.491	0.506	0.640	0.815	0.862

注：Sa 表示砂土，L 表示壤土，C 表示黏土，Si 表示粉土。

以 Mathematica 软件为平台进行模型求解、参数敏感性分析及数据处理。

四、降水对土壤水分有效性的影响

为研究不同降水条件对土壤水分有效性的影响,以粉壤土(SiL)为例,分析了土壤水分有效性系数与平均降雨量 α 和降水频率 λ 的关系。图 2-27(a)显示了当 $\lambda = 0.2/\text{d}$ 时土壤水分有效性系数随 α 的变化规律。随着 α 逐渐增大,无效水系数 F_{SWA3} 和难有效水系数 F_{SWA2} 呈现先增大后减小的趋势。当 α 较小时,如图 2-27(a)所示,$0<\alpha<0.5$ cm,土壤含水量 s 经常小于 s_w,土壤水分损失以蒸发为主,F_{SWA3} 与 α 呈递增关系,并在 $\alpha = 0.5$ cm 左右达到峰值;当 α 超过 0.5 cm 并逐渐增大时,s 大于 s_w 的概率逐渐增加,在土壤水分损失中,作物蒸发蒸腾逐渐加大,土壤蒸发所占比例减小,因而 F_{SWA3} 逐渐递减,并趋近于 0。

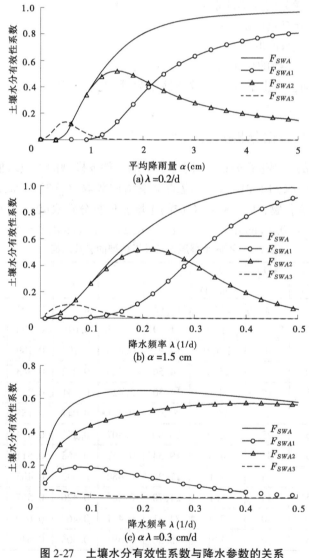

图 2-27　土壤水分有效性系数与降水参数的关系

F_{SWA2} 随 α 的变化趋势也是如此,当 $0<\alpha<1.46$ cm 时,$s<s^*$ 的概率较大,作物大部分时间是在水分胁迫的条件下进行蒸发蒸腾,并且蒸发蒸腾量随 α 的增大逐渐增加,因而 F_{SWA2} 与 α 呈递增关系;当 $\alpha>1.46$ 时,随着 α 的增大,$s>s^*$ 的概率越大,作物在非胁迫状态下的蒸发蒸腾量开始增加,在胁迫状态下的蒸发蒸腾量所占比例逐渐减少,因而 F_{SWA2} 与 α 呈递减关系。易有效水系数 F_{SWA1} 以及作物有效水系数 F_{SWA} 均随着 α 增大逐渐增加,但递增的速度逐渐减小,F_{SWA} 趋近于 1。

图 2-27(b)显示了土壤水分有效性系数随 λ 的变化趋势,在 $\alpha=1.5$ cm 的条件下,土壤水分有效性系数随 λ 的变化规律与随 α 的变化规律基本一致,不再赘述。当作物生长期总降水量保持不变时[见图 2-27(c),$\Theta=\alpha\lambda T=30$ cm],随着 λ 的增大,F_{SWA} 先增大后逐渐减小,当 $\lambda=0.22/d$ 时,F_{SWA} 达到最大值。在总降水量相同的条件下,降水的分布特征影响着作物对土壤水分的利用,并且存在一个最佳的降水分布使得作物对土壤水分的利用最有效。降水对其他土壤的影响规律与上述规律一致,不再赘述。

五、土壤质地对土壤水分有效性的影响

不同土壤质地对土壤水分有效性的影响如图 2-28 所示。当 $\alpha=1.5$ cm,$Z_r=80$ cm,λ 分别取 0.1/d、0.2/d、0.3/d 时,12 种土壤对应的 F_{SWA} 的变差系数(C_V)分别为 0.035、0.020 和 0.014,这表明在相同的降水条件下土壤质地对 F_{SWA} 的影响并不明显。λ 越小,C_V 越大,表明土壤质地对 F_{SWA} 的影响在干旱的条件下较大。在降水稀少的生长期,土壤水分经常处于较低的状态,s_w 较小的土壤质地更有利于作物水分的吸收,从图 2-28(a)中可以看出,s_w 小于 0.3 的土壤,其 F_{SWA} 都在 0.26 以上。随着 λ 的增大,土壤质地对 F_{SWA} 的影响逐渐减小,当 $\lambda=0.3/d$ 时,F_{SWA} 均在 0.85 以上,各质地之间的差异非常小,即使在中等干旱的条件下[见图 2-28(b)],各质地 F_{SWA} 的差异也很小。对于 $Z_r=30$ cm 的情况,不同 λ 条件下计算出来的 F_{SWA} 的 C_V 也均小于 0.06。

六、作物对土壤水分有效性的影响

图 2-29 显示了 12 种土壤的 F_{SWA} 与根系深度 Z_r 的关系。从图中可以看出,对于不同质地的土壤,F_{SWA} 均随 Z_r 的增加呈非线性递增的关系,变化趋势一致;当 $Z_r>5$ cm 时,对于不同的 Z_r,12 种土壤 F_{SWA} 的 C_V 介于 [0.016, 0.09],并且 C_V 随着 Z_r 的增大逐渐变小。由此可以看出,Z_r 对 F_{SWA} 具有显著的影响,无论是哪种土壤质地,Z_r 对 F_{SWA} 的影响规律是一致的;对于相同的 Z_r,不同土壤质地之间的 F_{SWA} 差异很小。

大气条件和作物类型共同决定着作物潜在蒸发蒸腾量 ET_p,ET_p 对 F_{SWA} 的影响间接反映了大气和作物条件对 F_{SWA} 的影响,图 2-30 显示了 F_{SWA} 与 ET_p 的关系。在相同的降水频率下,ET_p 越大,F_{SWA} 越小;不同 ET_p 之间 F_{SWA} 的差值,在 λ 靠近 0 或 0.5 附近时逐渐缩小。以 $ET_p=0.4$ cm/d 和 $ET_p=0.6$ cm/d 为例,二者对应的 F_{SWA} 的差值在 $\lambda=0.25/d$ 时达到最大值 0.23,在 $\lambda=0.1/d$ 和 $\lambda=0.5/d$ 时分别为 0.1 和 0.07。由此可以看出,在 λ 较小或较大的情况下,ET_p 对 F_{SWA} 的影响都不明显;在二者之间,不同 ET_p 对应的 F_{SWA} 具有较大差异。这主要是因为在降水特别稀少或特别充沛的条件下,降水及其分布特征对

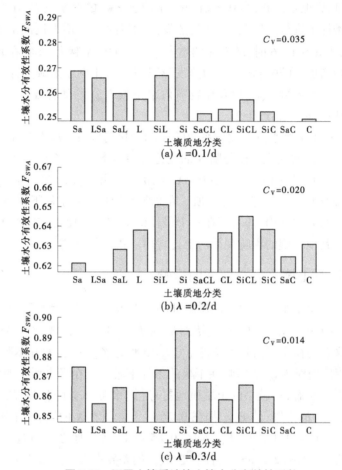

图 2-28　不同土壤质地的土壤水分有效性系数

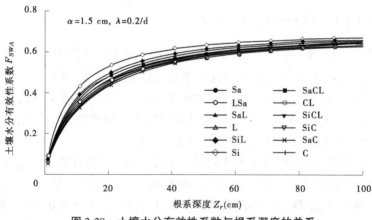

图 2-29　土壤水分有效性系数与根系深度的关系

F_{SWA} 具有强烈控制作用,从而减弱了 ET_p 对 F_{SWA} 的影响,而在中等降水条件下,降水的控制作用不那么强烈,因而 ET_p 的影响作用加强。

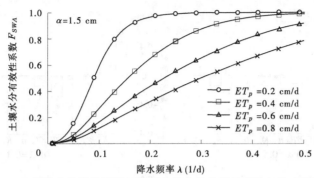

图2-30　不同潜在蒸发蒸腾量条件下土壤水分有效性系数与降水频率的关系

七、不同环境下参数敏感性分析

从前面的分析可以看出,除了降水参数 α 和 λ, Z_r、ET_p 也是影响土壤水分有效性的重要因素,因此进一步对模型在不同 α、λ、Z_r 和 ET_p 条件下的参数敏感性进行分析,其结果如图2-31 和图2-32 所示。

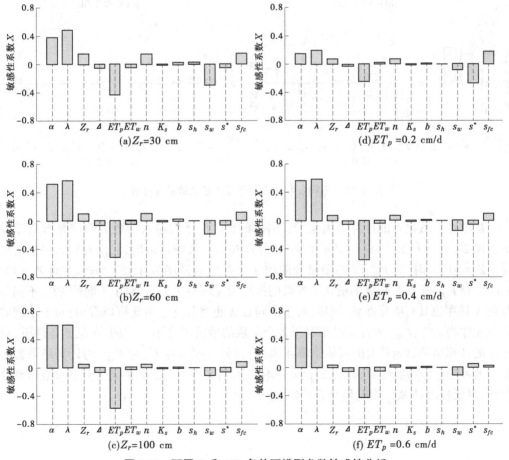

图2-31　不同 Z_r 和 ET_p 条件下模型参数敏感性分析

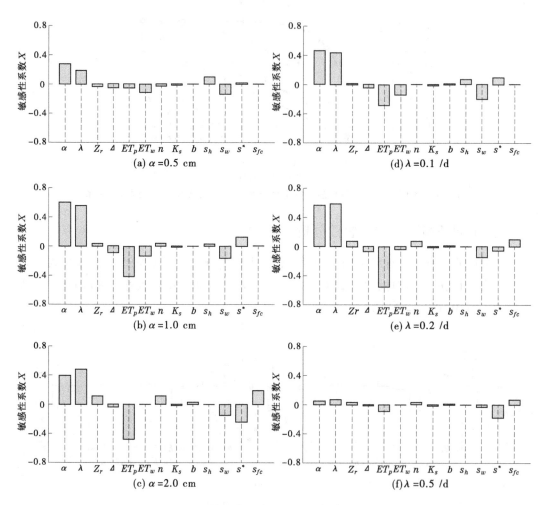

图 2-32 不同 α 和 λ 条件下模型参数敏感性分析

从敏感性系数 X 的计算结果来看,不同条件下 F_{SWA} 对输入参数的响应是有所差异的。图 2-31(a)和图 2-31(c)显示了 Z_r 分别为 30 cm 和 100 cm 时,F_{SWA} 对输入参数的响应。$Z_r = 30$ cm 时,对 F_{SWA} 影响最显著的前 4 个参数的排序为 $\lambda > ET_p > \alpha > s_w$;而 $Z_r = 100$ cm 时,对 F_{SWA} 影响最显著的前 4 个参数的排序为 $\lambda > \alpha > ET_p > s_w$。对于不同的 ET_p,不同参数的 X 排序也具有明显差异,同理,对于不同 α、λ 也是如此。由此可以看出,对于不同的大气和作物条件,F_{SWA} 的计算结果对于各个参数的敏感度是不一致的,在某些条件下,对 F_{SWA} 的计算结果影响最大的可能是降水参数,在另一些条件下,对 F_{SWA} 的计算结果影响最大的可能是作物参数。因此,在不同的环境中,有必要针对具体的条件开展参数敏感性分析,以便找出对 F_{SWA} 影响最显著的参数。

第三章　引黄灌区水资源优化配置技术

第一节　灌区水文过程及模拟

　　灌区地表水地下水联合调控模拟模型是基于灌区水文循环机制深刻认识,对灌区水文循环过程的准确描述。因此,作者首先对灌区的水文循环过程进行了剖析。灌区的水文循环不仅包括自然流域中的大气降水、蒸散发、地表径流、降水渗漏、河道渗漏等过程,还包括渠道输出、地下水开采、灌溉入渗等过程(见图 3-1)。

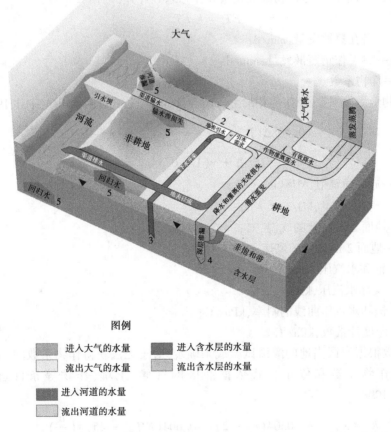

图例

　　　进入大气的水量　　　　进入含水层的水量

　　　流出大气的水量　　　　流出含水层的水量

　　　进入河道的水量

　　　流出河道的水量

1—灌区总引水需求;2—实际的地表引水量;3—地下水开采量;4—农田对地表的净补给量;
5—非耕地河道、渠系与含水层的交换水量

图 3-1　灌区水文循环过程示意

气候类型不同的灌区,其占主导作用的水文过程也不相同。黄淮海平原大部分处于我国北方地区,属典型的季风气候,年降水量为 500~600 mm,主要集中在 7~9 月,占全年降水量的 70%以上,而年平均蒸散量超过 800 mm(梅旭荣等,2013),绝大部分水量用于蒸散发的消耗。因此,该地区灌区水文过程以降水—蒸散发,灌溉—蒸散发为主。水资源量主要包括大气降水、地表水、地下水和外调水,水资源消耗以蒸散发为主。

一、蒸散发

作为灌区水文循环的关键环节,蒸散发量(又称为蒸发蒸腾量)的准确估算不仅对灌区水资源评价具有重要意义,而且对农作物需水生产管理、旱情监测预测、水资源有效开发利用等具有十分重要的应用价值。因此,灌区蒸散发过程的模拟是本书研究的重点。目前,区域水文循环模拟中计算蒸散发量方法主要有两种:一是分别确定区域的水面蒸发量、土壤蒸发量、植被蒸腾量,然后综合得到流域蒸散发量;二是依据潜在蒸散发量和土壤水分状况获取流域蒸散发量(任庆福,2013;赵玲玲等,2013)。本书采用第二种方法对灌区蒸散发过程进行模拟计算。

潜在蒸散发量采用参考作物蒸散发量和作物系数计算(刘钰,2009):

$$ET_p = K_c ET_0 \tag{3-1}$$

式中　ET_p——潜在蒸散发量,mm/d;

ET_0——参考作物蒸散发量,mm/d;

K_c——作物系数。

参考作物蒸散发根据 FAO 推荐的 Penman-Monteith 公式计算(Allen et al,1998):

$$ET_0 = \frac{0.408\Delta(R_n - G) + \gamma\frac{900}{T+273}u_2(e_s - e_a)}{\Delta + \gamma(1 + 0.34u_2)} \tag{3-2}$$

式中　R_n——冠层净辐射,MJ/(m²·d);

G——土壤热通量,MJ/(m²·d);

T——地面 2 m 高处的气温,℃;

u_2——地面 2 m 高处的风速,m/s;

e_s——饱和水汽压,kPa;

e_a——实际水汽压,kPa;

Δ——饱和水汽压曲线的斜率,kPa/℃;

γ——湿度计常数,kPa/℃。

作物系数根据灌区当地的灌溉试验成果确定,对于无法获得作物系数的,采用 FAO 推荐的标准作物系数和修正公式依据灌区的气候、土壤、作物等条件进行计算(Allen et al,1998):

$$K_c = K_{c(tab)} + [0.04(u_2 - 2) - 0.004(RH_{min} - 45)](\frac{h}{3})^{0.3} \tag{3-3}$$

式中　$K_{c(tab)}$——生育期标准作物系数;

RH_{min}——生育期日最低相对湿度的平均值(%);

h——生育期作物平均高度,m;

其余字母含义同前。

实际蒸散发量根据潜在蒸散发量和土壤水分状况进行折算。实际蒸散发量的计算公式较多,且大都具有较好的适用性(康绍忠,2007),考虑到灌区尺度的计算量较大,本书选择比较简单的线性公式(Rodríguez-Itrube et al,2004):

$$
ET_a = \begin{cases} 0 & (0 < s \leq s_h) \\[2mm] ET_w \dfrac{s - s_h}{s_w - s_h} & (s_h < s \leq s_w) \\[2mm] ET_w + (ET_p - ET_w)\dfrac{s - s_w}{s^* - s_w} & (s_w < s \leq s^*) \\[2mm] ET_p & (s^* < s \leq 1) \end{cases} \tag{3-4}
$$

式中　ET_a——实际蒸散发量,mm/d;

$\qquad ET_w$——当土壤含水率等于凋萎系数时的蒸散发量,mm/d;

$\qquad s$——土壤水分,以饱和度表示,$s = \theta/n$,θ 为土壤体积含水率,cm^3/cm^3,n 为土壤孔隙度;

$\qquad s_h$——吸湿系数;

$\qquad s_w$——凋萎系数;

$\qquad s^*$——叶片气孔开始关闭的临界土壤水分;

$\qquad$其余字母含义同前。

二、非饱和带水流运动

非饱和带是水分运动最为频繁的区域,控制着地表水和地下水的交换。非饱和带水分的状态决定着降水和灌溉水在地表径流、入渗、蒸散发和深层渗漏的分配(见图3-2)。

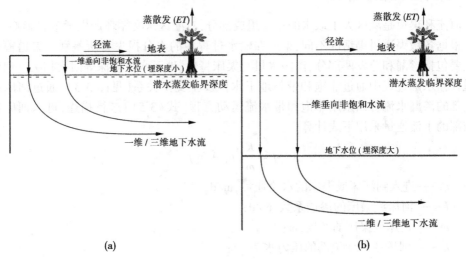

图 3-2　非饱和水流运动

非饱和带水流运动的数值计算既费时又不稳定,而且已有研究表明,地势平坦的灌区,降水和灌溉过程中的非饱和带水流运动以垂直入渗为主(贾仰文等,2012)。因此,本书在 Richards 非饱和水流方程的基础上进行简化,忽略扩散项,得到非饱和带水流运动方程如下:

$$\frac{\partial \theta}{\partial t} + \frac{\partial K(\theta)}{\partial z} + i = 0 \tag{3-5}$$

式中　$K(\theta)$——垂向非饱和导水率,cm/d;

　　　i——根系吸水速率,1/d;

　　　t——时间,d;

　　　z——垂向坐标,cm。

　　　$K(\theta)$采用 Brooks-Corey 模型计算:

$$K(\theta) = K_s \left(\frac{\theta - \theta_r}{\theta_s - \theta_r} \right)^{\varepsilon} \tag{3-6}$$

式中　K_s——垂向饱和导水率,cm/d;

　　　θ_r——土壤残余含水率,cm^3/cm^3;

　　　θ_s——土壤饱和含水率,cm^3/cm^3;

　　　ε——形状参数;

　　　其余字母含义同前。

　　非饱和带水流运动的上边界条件为降水、灌溉和土壤蒸发,下边界条件为地下水位。当地下水位埋深接近潜水蒸发临界深度时[见图 3-2(a)],降水和灌溉入渗水很快经过非饱和带补给到地下水中;当地下水位埋深远大于潜水蒸发临界深度时[见图 3-2(b)],入渗水在非饱和带的滞留时间较长,需要经过一定时间才能补给到地下水中,且补给水量随地下水位埋深增大而减小。

三、河流和渠道输水

　　河流和渠道是灌区人工取水的重要组成部分,对灌区水文循环产生了重要影响。

　　根据各级渠道衬砌情况不同,渠道在输水过程中的水分损失有所差别。渠道输水损失主要包括渗漏和蒸发两部分,渗漏水量与渠床特性、地下水位埋深等因素相关。河流和渠道在输水的过程中通过非饱和带与地下水位发生交换关系(见图 3-3),通过河床或渠床底部的渗漏水流可以采用非饱和带水流运动方程[式(3-5)]进行描述,进入河床或渠床内部的水流通量采用下式计算:

$$q = \frac{K}{m}(h_s - h_b) \tag{3-7}$$

式中　q——进入到河床或渠床的水流通量,m/d;

　　　K——河床或渠床的渗透系数,m/d;

　　　m——河床或渠床的厚度,m;

　　　h_s——河床或渠床顶部的压力水头,m;

　　　h_b——河床或渠床底部的压力水头,m。

　　河床或渠床底部的渗漏总水量根据河床或渠床底部的水流通量、湿周和河流或渠道长度进行计算,进入到含水层的渗漏总水量根据非饱和带水流运动的计算结构进行汇总。

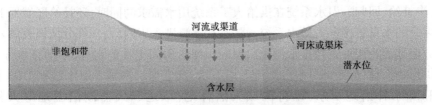

图 3-3 河流或渠道输水渗漏损失

四、地下水流运动

地下水流运动采用 MODFLOW 进行模拟。MODFLOW 是由美国地质调查局 20 世纪 80 年代开发用来模拟孔隙介质中地下水分流动的模型,它采用有限差分法对地下水运动方程进行数值求解。MODFLOW 在模拟时,将整个模拟时段分为一系列应力期,源汇项在同一个应力期内是不变的,每一个应力期内又被划分为若干个时间段,时间段内再通过迭代求解得到差分方程值,这样就将整个模拟分为应力期循环、时间段循环和迭代求解循环 3 个过程(陈皓锐等,2012)。

当坐标轴取得和渗透系数主方向一致时,承压水运动的偏微分方程表示为:

$$\frac{\partial}{\partial x}\left(K_{xx}\frac{\partial H}{\partial x}\right) + \frac{\partial}{\partial y}\left(K_{yy}\frac{\partial H}{\partial y}\right) + \frac{\partial}{\partial z}\left(K_{zz}\frac{\partial H}{\partial z}\right) + W = S_s\frac{\partial H}{\partial t} \tag{3-8}$$

式中 K_{xx}、K_{yy}、K_{zz}——坐标轴 x、y、z 方向的主渗透系数,L/T;

H——压力水头,L;

W——源/汇项,1/T,流入含水层为正,流出含水层为负;

S_s——含水层的储水率,d;

t——时间,T。

根据 Dupuit 假设和质量守恒原理可以导出潜水非稳定流的 Boussinesq 方程(薛禹群等,2007)为:

$$\frac{\partial}{\partial x}\left(K_{xx}b\frac{\partial H}{\partial x}\right) + \frac{\partial}{\partial y}\left(K_{yy}b\frac{\partial H}{\partial y}\right) + w = \mu\frac{\partial H}{\partial t} \tag{3-9}$$

式中 b——潜水流厚度,m,$b = H - z$;

w——单位时间单位水平面积上垂向补给的水量,m/d;

μ——给水度;

其余字母含义同前。

五、模型结构

灌区地表水地下水联合调控模拟模型主要针对人类活动频繁的经流耗散区水循环过程,模型以水量平衡为基础,以人工灌溉区域和排水区域包含的类似子流域的区域或按照网格剖分作为计算单元。模型分别计算耕地、住宅用地、水域、林地、裸地等不同土地利用条件下的蒸散发。在垂直方向上,模型将计算单元划分为植被冠层、非饱和带、潜水含水层和承压含水层。模型的地表水系统包括引水系统、排水系统、地表径流;土壤水系统包括降水和灌溉入渗、植物根系吸水、深层渗漏;地下水系统包括地下水流、机井抽水、越流补给、入渗补给、回归。引水系统在供给人工系统用水需求的同时,还补给区域地下水,引水灌溉多余的水量直接退入排水系统。降水和灌溉进入田间后,一部分从地表渗入土壤,另一部分以地表径流形式经排水沟流出田间。渗入田间土壤的水分,一部分水分储存在土壤层供作物消耗,另一部分水分则流入地下水,产生深层渗漏。引水过程渗漏、田间灌水渗漏和降水补给地下水,维持区域天然林地、草地和天然湖泊湿地等天然系统(见图3-4)。

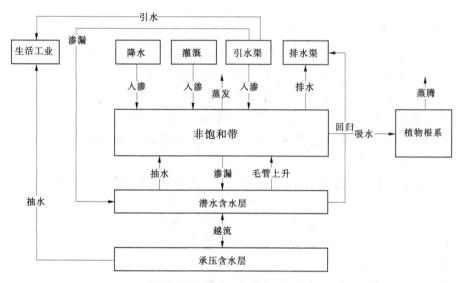

图 3-4　灌区水文循环模型结构

第二节　灌区水资源均衡分析

一、均衡分析原则

灌区供水应考虑如下原则:

(1)灌区需水由地表水与地下水联合供给,灌溉供水以地表水为主,地下水为辅。

(2)灌溉时,优先考虑地表水,地表水不足时开采地下水补充灌溉。

(3)生活及工业需水由地下水供给,供给顺序为先满足生活用水,再满足工业和农业用水。

依据以上原则,先对灌区在地表水单独供水条件下的供需平衡进行分析,再对灌区进行地表水与地下水联合供给进行供需平衡分析。

二、均衡分析方法

水量供需平衡是指在某一定时间段内可供水量与实际需水量间的关系,分析水资源的余缺水量、缺水程度、缺水性质及其影响,为机井合理布局提供分析基础。

水资源供需平衡计算可用下式表示：

$$\Delta Q = Q_供 - Q_需 \qquad (3-10)$$

式中　$Q_需$——灌区某一水文年总需水量，m^3；

　　　$Q_供$——相应于 $Q_需$ 的可供水量，m^3；

　　　ΔQ——供需水量平衡差，即 $Q_供$ 与 $Q_需$ 的差值。

供需水量平衡差值可能出现以下几种情况：

（1）$\Delta Q=0$：供水等于需水，是较理想的供需状态，说明灌区水资源的开发程度适应现阶段的生产、生活需要，但水资源的目前承载力已处于临界状态，应根据灌区实际情况采取节水措施或开源，增加供水潜力，满足灌区将来对水资源的增加需求。

（2）$\Delta Q>0$：可供水量大于需水量，说明可利用的水资源尚有一定潜力，水资源不是灌区发展的制约因素。

（3）$\Delta Q<0$：可供水量小于需水量，表明水资源短缺，需立即采取开源节流等措施，以缓解供需矛盾；或者是灌区可能有水，但供水工程能力不足；还可能存在两者之间缺水的状况。

三、灌区需水量计算

灌溉需水量计算方法有直接推算法和间接推算法，本次计算采用直接推算法，就是利用灌区各种作物的灌溉定额及灌溉面积直接推算全灌区灌溉用水量。任何一种作物的某次灌水过程，需要供到田间的灌水量，即净灌溉需水量 Q_l 可用下式求得：

$$Q_l = mA \qquad (3-11)$$

式中　m——该作物某次灌水的灌水定额，$\text{m}^3/(\text{亩}\cdot\text{次})$；

　　　A——该作物的灌溉面积，亩。

在灌溉制度的基础上可计算出该作物的灌溉用水量过程线，则灌区任何一个时段内的净灌溉用水量是该时段内各种作物净灌溉用水量之和。按此可求得年内灌区各月灌溉净用水量。

但是，通常灌溉水到田间需从水源经各级渠道输送，会产生输水损失和田间灌水损失，因此毛灌溉需水量应为净灌溉需水量与两项损失之和。一般用净灌溉需水量与毛灌溉需水量之比灌溉水有效利用系数 η 作为衡量损失状况的指标，即：

$$\eta = Q_l/Q_a \qquad (3-12)$$

式中　η——灌溉水有效利用系数；

　　　Q_a——毛灌溉需水量，亿 m^3。

由式（3-12）可以推出毛灌溉需水量为：

$$Q_a = Q_l/\eta \qquad (3-13)$$

四、灌区可供水量计算

（一）地下水可供水量

灌区地下水可供水量是指地下水水源工程能提供的水量，与灌区地下水可开采量、机井提水能力有关，本书中将灌区地下水可开采量作为地下水可供水量的最大值。灌区内工业用水和生活用水均由地下水供给，且供水时按生活用水、工业用水和农业用水的顺序依次供水。由于本次机井布局时,仅考虑灌区机井这一项,因此在灌区供需水平衡分析时,将地下水可供水量中扣除生活用水和工业用水后的地下水可开采量作为地下水的灌溉可供水量。

(二)地表水可供水量

地表水可供水量是指在不同水平年、不同保证率情况下,可利用地表水资源、河道外需水量及工程供水能力三者组合条件下工程可提供的水量。

$$W_{可供} = \min \{ W_{可用}, W_{需}, W_{能力} \} \tag{3-14}$$

式中　$W_{可供}$——地表水可供水量,万 m^3;

$W_{可用}$——可利用地表水资源量,万 m^3;

$W_{能力}$——工程供水能力,万 m^3;

$W_{需}$——河道外需水量,万 m^3。

可利用地表水资源量,是指从地表水资源总量中扣除因水质条件、河道内需水及河流上下游地区需水量后,为灌区所能利用的水量。工程供水能力一般指工程设计供水能力。通常有些工程由于各种原因,实际供水能力往往比设计供水能力小,但也有一些工程则相反,因此以工程实际供水能力作为工程供水能力更切合实际。水库的供水能力可用其兴利库容或有效库容表示,自流引水渠道的供水能力可用其设计或实际正常引水流量表示。

第三节　灌区水资源优化配置模型

当遇到连续的枯水年时,地表水引水量和地下水开采量有可能不能满足作物灌溉需水量的要求,这时,就需要在田间采取相应的水资源优化配置技术减少农田水分的消耗来应对干旱。水资源优化配置措施主要包括作物种植结构调整、实行非充分灌溉和压缩灌溉面积三个方面。作物种植结构调整是一个最优化问题,其目标是通过作物种植面积的调整保证灌区农产品的总效益最大,目标函数为:

$$\max(Z) = \sum_t \sum_t (b_i - c_{i,t}q_i)x_i \tag{3-15}$$

约束条件为:

$$\sum_i q_i x_{i,t} \leqslant WR_t \times OFE$$

$$\sum_i x_{i,t} \leqslant x_{i-\max} \tag{3-16}$$

$$\sum_i x_{i,t} \geqslant x_{i-\min}$$

式中　q_i——第 i 个农田的作物灌水量;

$x_{i,t}$——第 i 个农田水源 t 灌溉的作物面积;

$x_{i-\max}$——第 i 个农田作物允许的最大种植面积;

$x_{i-\min}$——第 i 个农田作物允许的最小种植面积;

i——农田编号;

t——水源编号;

WR_t——第 t 种水源的水量;

OFE——灌溉水利用系数;

$c_{i,t}$——第 i 个农田灌溉第 t 种水源的费用；

b_i——第 i 个农田的效益。

灌区地表水地下水联合调控模型为灌区农业用水、地表水引水量和地下水开采量的计算提供了方法，当灌区地表水和地下水不能满足灌区农业用水需求时，必须根据灌区的实际情况，采取适当的管理措施来确保利益的最大化。灌区农业水资源优化配置技术主要就是来解决不同地表水和地下水供水量条件下，根据不同管理措施(节水灌溉、压缩灌溉、种植结构优化和田间管理措施)，对农业水资源在灌区不同用水区域进行最优的分配，以达到不同的目标。根据子课题的研究需要，本书将目标初步确定为灌区作物产量最大化、水分利用效率最大化、灌溉水利用系数最大化，为一多目标优化问题，约束条件为地表水地下水供水量、灌区耕地面积等。

为了将优化模型与地表水地下水联合调控模拟模型松散耦合，同时由于多目标优化问题本身的复杂性，本书选择运行效率较高的 NSGA-II(改进的非支配排序遗传算法)为优化算法，建立农业水资源多目标优化配置模型，优化模型的计算流程如图 3-5 所示。

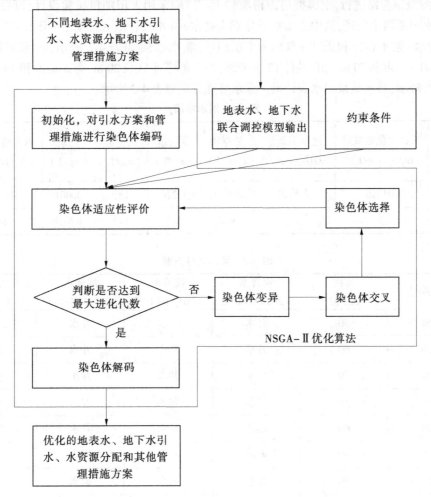

图 3-5　灌区农业水资源优化配置模型计算流程

第四章　引黄灌区不同渠井灌水配比对土壤水盐动态及作物生长的影响

第一节　试验设计与研究方法

一、试验设计

试验于 2013~2014 年在河南省人民胜利渠灌区(东经 113°31′~114°25′,北纬 35°0′~35°30′)灌溉试验站进行,土壤类型为粉壤黏土。试验采用大田随机试验设计,设置灌水水质和灌水定额两个处理,其中灌水水质分别为井水+井水+井水(A)、渠水+渠水+渠水(B)、井水+井水+渠水(C)和渠水+渠水+井水(D),灌水水质如表 4-1 所示;灌水定额为 50 m³/亩、60 m³/亩和 70 m³/亩,共计 12 个处理,3 次重复,小区长 20 m,宽 2 m,面积 40 m²。灌水方式为畦灌,灌水量采用水表计量。灌水处理方案如表 4-2 所示。

表 4-1　灌水水质

水质	五日生化需氧量 BOD_5(mg/L)	化学需氧量 COD_{Cr}(mg/L)	悬浮物 (mg/L)	全盐量 (mg/L)	氯化物 (mg/L)	总汞 (mg/L)	粪大肠菌群数 (个/100 mL)
井水	未检出	未检出	未检出	1 220	152	0.001	未检出
渠水	5	26.5	944	411	142	未检出	240

表 4-2　灌水处理方案

处理编号	定额 (m³/亩)	返青水 (2014-03-04)	拔节水 (2014-04-03)	灌浆水 (2014-05-18)	渠井用水比例 (%)
A50	50	井水	井水	井水	0
A60	60	井水	井水	井水	0
A70	70	井水	井水	井水	0
B50	50	渠水	井水	井水	33
B60	60	渠水	井水	井水	33
B70	70	渠水	井水	井水	33
C50	50	井水	渠水	渠水	67
C60	60	井水	渠水	渠水	67

续表 4-2

处理编号	定额 （m³/亩）	返青水 （2014-03-04）	拔节水 （2014-04-03）	灌浆水 （2014-05-18）	渠井用水比例 （%）
C70	70	井水	渠水	渠水	67
D50	50	渠水	渠水	渠水	100
D60	60	渠水	渠水	渠水	100
D70	70	渠水	渠水	渠水	100

二、试验方法

在冬小麦整个生育期,土壤含水率采用土壤水分监测系统结合取土测定,测定时间为 7 d,灌水前后加测。土壤盐分采用 1:5 土水混合液用电导率仪测定,7 d 1 次,测定深度为 100 cm。0~10 cm、10~20 cm、20~30 cm、30~40 cm、40~50 cm、50~60 cm、60~70 cm、70~80 cm、80~90 cm、90~100 cm 共 10 层。作物生育指标(分蘖数、株高和干物质量),每 7 天测定 1 次。作物收获后考种、测产。本试验的气象数据采用农田微气象站定时测定。

土壤含水率的测定:利用烘干法测定土壤含水率。烘干法最常用的方法是将已称好质量的湿土放到烘箱中并调至 105 ℃,然后利用烘箱将称好的土样烘到 24 h 左右至土样的质量稳定不变,最后将烘好的土样称重,然后计算土壤含水率。这种方法因为简单易用,所以是现在测定土壤含水率最常用的方法。试验所采取的土样应当天立即测定出土壤的含水率,并准确地称取土壤的湿重(包括小铝盒的质量)(W_1)和小铝的盒重(W_0),烘至恒重并记下其干重(包括小铝盒重量)(W_2),土壤含水量的计算公式如下:

$$G = \frac{G_1 - G_2}{G_2 - G_0} \times 100\% \tag{4-1}$$

式中　G——所测样品土壤含水量(%);

　　　G_1——土壤样品湿重(包括小铝盒质量),g;

　　　G_2——土壤样品干重(包括小铝盒质量),g;

　　　G_0——小铝盒质量,g。

土壤盐分的测定:将采集的土样放置到通风避光处风干,研磨之后过 1 mm 的筛。具体操作如下:用天平称取 10 g 风干土,均匀地放到 100 mL 的锥形瓶中,然后加入 50 mL 去离子水浸提盐分并振荡 3~5 min,然后抽滤。最后用上海雷磁生产的 DDSJ-308A 电导仪测定其抽滤后的清液的电导率。

三、技术路线

研究采取田间试验与室内分析相结合、定性分析与定量分析相结合、试验与模拟相结合的研究思路。通过不同渠井灌水配比对作物生长及土壤盐分影响试验,探讨其影响机制,进而提出研究区适宜的渠井灌水配比;通过对研究区不同渠井灌水配比土壤盐分时空进行模拟,弄清土壤盐分分布规律,最终提出研究区适宜的渠井灌水配比。具体技术路线如图 4-1 所示。

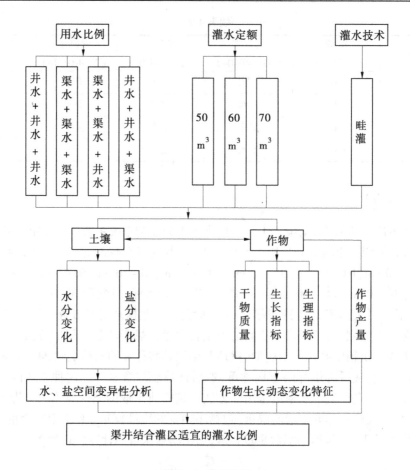

图 4-1　技术路线

第二节　不同渠井灌水配比对冬小麦生长发育的影响

一、不同渠井灌水配比模式下土壤盐分分析

(一) 相同灌水定额不同渠井配比盐分对比分析

本书以冬小麦的整个生育期为例,分析不同渠井配比对 0~100 cm 土层内盐分的影响。由图 4-2 可以看出,不同土层土壤盐分变化规律不同,灌水定额为 50 m³/亩,土壤表层各处理差异不大,土层为 20 cm 时,各处理差异显著增大,D50>C50>A50>B50。灌水定额为 60 m³/亩,土壤表层盐分差异显著,B60>D60>C60>A60。灌水定额为 70 m³/亩,土壤表层显著差异,B60>D60>A60>C60。由此可知:随着灌水定额的增大,土壤表层盐分差异也越来越大,很可能是由于渠水带来的盐分在土壤表层的聚集导致的。从图 4-2 中可以看出,受灌水和蒸发等因素影响,0~40 cm 土层土壤盐分随灌水定额波动较大;40~100 cm 的土层内,各个处理在整个生育期内相差不大,从 40 cm 土层开始到 100 cm,各处理间的盐分波动差距逐渐变缓,且随着土层深度的增加差距越来越小,各处理盐分趋于稳定且

变化一致。同时,也验证了赵耕毛等利用室内土柱试验得出 0~40 cm 土层的盐分容易波动(赵耕毛等,2003)。

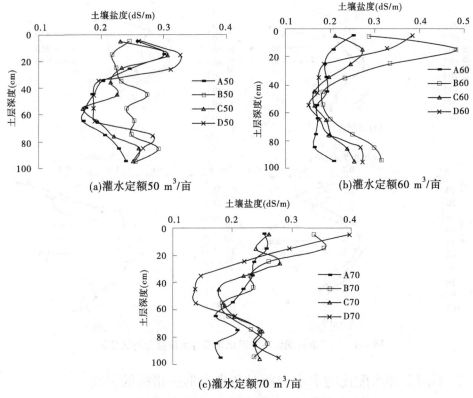

(a)灌水定额50 m³/亩　　(b)灌水定额60 m³/亩

(c)灌水定额70 m³/亩

图 4-2　相同灌水定额不同渠井配比不同土层内盐分对比

(二)相同渠井配比不同灌水定额盐分对比分析

相同渠井配比不同灌水定额土壤盐分的变化及不同灌水定额对土壤盐分的影响见图 4-3。由图 4-3 可知,纯井水灌溉(A),整个生育期内各土层的盐分变化不大,但在整个土层深,处理 A60 的盐分均小于 A50 和 A70。土壤含盐量越高,对小麦生长的抑制就越大,因此灌水定额不能太大也不能太小。对于处理 B,除了 40~70 cm 土层深,B50>B60>B70;其他土层深,各处理盐分大小均为:B60>B70>B50;在 0~40 cm 土层深,土壤盐分变化较大,且各处理盐分呈增大趋势,这可能是受土地表层不稳定或土壤表层空间变异性较大引起的。对于处理 C,各土层土壤盐分变化不大,同样在整个土层深,处理 C60 的盐分最小,各处理大小顺序为:C70>C50>C60;而纯渠水灌溉(D),各处理土壤盐分明显比灌纯井水要小。另外,对于处理 D,在小麦的生长阶段,随着灌水定额的增大,土壤盐分呈现减小趋势。

从图 4-3 可以看出,0~40 cm 各处理表层土壤盐分较大,这主要是因为土壤深层的盐分因蒸发聚集到土壤表层。纯井水灌溉的土壤含盐量明显大于纯渠水灌溉的,处理 B(2 次井水+1 次渠水)容易引起表层盐渍化。因此,在满足冬小麦的正常生长条件下,使得小麦高效用水和增产,当渠井用水比例一定时,采取灌水定额 60 m³/亩比较适宜。

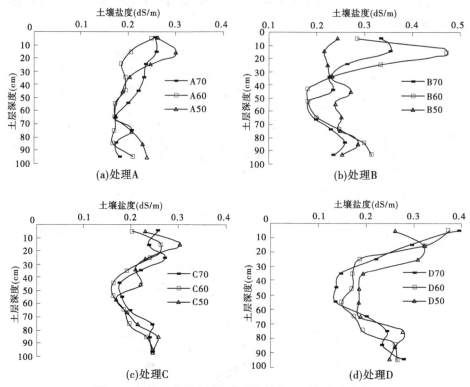

图 4-3　相同渠井配比不同灌水定额各土层盐分对比分析

二、不同渠井水配比与灌水定额对冬小麦形态指标的影响

(一) 不同渠井水配比与灌水定额对分蘖数的影响

在整个生育期内,不同渠井水配比不同灌水定额下冬小麦分蘖数的动态变化见图 4-4。由表 4-3 和图 4-4 可知:在整个生育期,相同渠井配比时,不同的灌水定额冬小麦影响不大,但是不同渠井水配比对冬小麦的分蘖数有明显差异。由图 4-4 可知:处理 B(2 次井水+1 次渠水)和处理 C(2 次渠水+1 次井水)冬小麦分蘖数明显高于其他处理。冬小麦在越冬期时,小麦的分蘖数随着渠井水配比的增大而增大,而灌水定额对冬小麦的分蘖数影响不大;越冬期之后,冬小麦的分蘖数随着时间的推移,逐渐变小。由表 4-3 可知,越冬期灌水定额对冬小麦分蘖数的影响不显著;拔节期灌水定额和渠井水比例的相互作用对冬小麦的分蘖数有显著影响。由图 4-4 可知,冬小麦在越冬期,各处理对冬小麦的分蘖数影响变化不大;拔节期处理 C50 分蘖能力最大,C50 较 A50、B50 和 D50 分别增加了 8.5%、43% 和 47.5%;而在抽穗期和成熟期,各处理对冬小麦分蘖数的影响不大。冬小麦在拔节期,灌水比例为 0.33~0.67 时分蘖数较大,在拔节期过后分蘖数平缓减小,可见拔节期是分蘖数减小的敏感阶段。

综上可知,不同灌水定额对冬小麦分蘖数的影响不大;渠井水配比与灌水定额的相互作用在拔节期对冬小麦有显著性影响。小麦在越冬期可以灌纯渠水(D),在拔节期灌渠水+渠水+井水,抽穗期和成熟期可灌纯井水(A)。

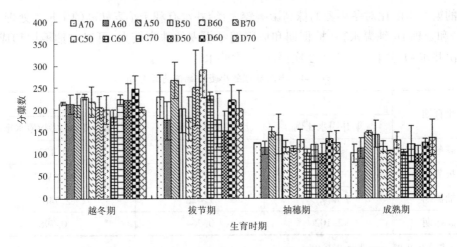

图 4-4　不同渠井水配比不同灌水定额下冬小麦分蘖数的动态变化

表 4-3　不同处理冬小麦分蘖数的方差分析

生育期	F 值		
	渠井用水比例	灌水定额	渠井用水比例×灌水定额
越冬期	1.209	0.141	1.866
拔节期	1.092	0.755	2.763[*]
抽穗期	0.384	1.374	1.832
成熟期	0.052	1.754	2.396

注：* 表示 $P<0.05$。

(二) 不同渠井水配比与灌水定额对株高的影响

方差分析(见表 4-4)结果表明,冬小麦在越冬期和成熟期,灌水定额和渠井用水比例对冬小麦株高均无显著影响。冬小麦在拔节期,灌水定额和渠井用水比例互作效应和灌水定额对冬小麦株高影响均达到显著水平;在抽穗期,渠井用水比例对株高的影响达到极显著水平,灌水定额和渠井用水比例互作效应对冬小麦株高影响达到显著水平。因此,冬小麦在拔节期,不同的灌水定额对株高影响比较明显;在抽穗期,渠井用水比例对冬小麦株高的影响比较明显。

株高是影响产量的基础,株高的大小与抗旱性及籽粒产量密切相关。由图 4-5 可知,当渠井用水比例一定时,随着灌水定额的增大,冬小麦的株高逐渐增大。因此,灌水定额过低会抑制冬小麦株高的增加。从整个生育期来看,随着生育期的推进,冬小麦株高呈逐渐增高趋势,拔节期开始,冬小麦株高急剧增大,到抽穗期开始变缓。在越冬期内,冬小麦株高变化不大,因此不同的灌水定额不同渠井水配比对冬小麦株高影响变化不大。由图 4-5 可知:冬小麦在拔节期,C70 处理最高,B60 处理最低,两者之间相差 17%,且两者之间的差异达到显著水平;在抽穗期,A70 处理株高最大,A70 较 A50 和 A60 分别增加了 2.7%、7.3%;而在成熟期,A50 最大,且显著高于其他处理,较 A60 与 A70 分别增加了 3.44%、2.5%,在抽穗期和成熟期,处理 B 和 C 冬小麦的株高均低于处理 A 和 D。因此,不同的渠井水配比对冬小麦的株高影响较大；纯井水有利于小麦株高的生长。处理 A(纯井水)和处理 D(纯渠水)在抽穗期和成熟期冬小麦的株高较大,可以在抽穗期和成熟期灌 2 次井水+1 次渠水或者灌 2 次渠水+1 次井水。

表 4-4　不同处理冬小麦株高的方差分析

生育期	F 值		
	渠井用水比例	灌水定额	渠井用水比例×灌水定额
越冬期	2.344	0.459	1.172
拔节期	2.068	3.598*	4.019**
抽穗期	7.449**	1.428	2.746*
成熟期	2.102	0.264	0.798

注:* 表示 $P<0.05$, ** 表示 $P<0.01$。

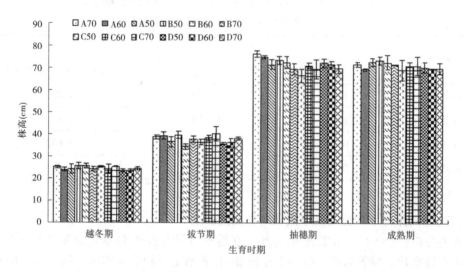

图 4-5　不同渠井水配比不同灌水定额下冬小麦株高的动态变化

(三)不同渠井水配比与灌水定额对干物质量的影响

通过表 4-5 可以得出:在冬小麦的整个生育期内,灌水定额对冬小麦干物质量的影响不显著;渠井用水比例除在抽穗期达到显著水平外,在其他生育期对冬小麦干物质量的影响均不显著;而灌水定额和渠井用水比例的相互作用在越冬期达到极显著水平,拔节期为显著水平。

不同渠井水配比不同灌水定额下冬小麦干物质量的动态变化如图 4-6 所示,从整个生育期来看,B 处理冬小麦干物质量的累积最大,而灌水定额对冬小麦干物质量的积累影响不大。随着冬小麦生长发育时间的推移,干物质量的累积增大,尤其是拔节期之后增长的幅度较大。因此,拔节期为冬小麦的干物质量累积的关键时期。

除了越冬期,随着冬小麦生长发育时间的推移,不同的渠井用水比例对干物质量累积的影响逐渐增大。在拔节期,B50 处理最大,C50 最小。B50 较 A50、C50 和 D50 分别增加了 4.6%、56.05%、3.68%。而在抽穗期和成熟期,处理 B 均比其他处理要大,而在成熟期,B50 处理达到最大值。

由以上分析得出:不同灌水定额对冬小麦干物质量的累积影响不大,不同渠井水配比是影响冬小麦干物质量累积的重要因素,在整个生育期灌 2 次井水 1 次渠水处理冬小麦干物质量的累积达到最佳效果,尤其是灌水定额为 50 m³,井渠用水比例为 33% 的处理为最优模式。

表 4-5　不同处理冬小麦干物质量的方差分析

生育期	F 值		
	渠井用水比例	灌水定额	渠井用水比例×灌水定额
越冬期	2.685	0.571	4.107**
拔节期	1.293	0.624	2.630*
抽穗期	3.131*	0.351	1.900
成熟期	0.536	0.699	1.936

注: * 表示 $P<0.05$, * * 表示 $P<0.01$。

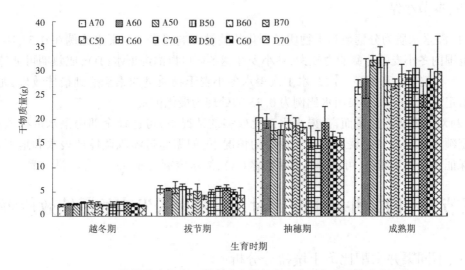

图 4-6　不同渠井水配比不同灌水定额下冬小麦干物质量的动态变化

三、不同渠井水配比与灌水定额对产量的影响

不同处理产量见表 4-6,灌水定额相同时,纯渠水灌溉模式(D)较其他灌水模式的产量大;灌水定额为 50 m³/亩时,D50 与 B50 和 C50 有显著差异,D50 处理较 A50、B50 和 C50 分别增加了 3.91%、10.77% 和 22.93%,即当灌水定额为 50 m³/亩时,灌纯渠水(D)有利于冬小麦产量的增加;灌水定额为 60 m³/亩时,A60 处理冬小麦的产量最大,分别较 B60、C60 和 D60 增加了 6.21%、14.79% 和 2.13%。因此,当灌水定额为 60 m³/亩时,为追求产量最大,可采取纯井水(A)灌溉模式;灌水定额为 70 m³/亩时,B70 与 A70 和 D70 有显著差异,D70 处理的产量最大,较 A70、B70 和 C70 的产量增加了 3.5%、35.4% 和 27.8%,即当灌水定额为 70 m³/亩时,为使冬小麦的产量最大化,可采取纯渠水(D)灌溉

模式进行灌溉。

由以上分析可知:在要求产量最大化时,对于灌区上游,渠水水源比较多的情况下,可选择全部用渠水进行灌溉,其中灌水定额为 50 m³/亩,较 60 m³/亩和 70 m³/亩的产量大。另外,对于灌区中下游,渠水相对比较少的情况下,如需通过灌溉调控地表水和地下水,同时保证冬小麦不减产,可选择纯井水灌溉(A),灌水定额为 60 m³ 的模式进行灌溉。

表 4-6　不同处理产量　　　　　　　　　　　　　　　（单位:kg/hm²）

处理编号	A50	B50	C50	D50	A60	B60	C60	D60	A70	B70	C70	D70
灌水定额	50	50	50	50	60	60	60	60	70	70	70	70
渠井用水比例	0	33	67	100	0	33	67	100	0	33	67	100
实际产量	8 750 ab	8 208 bc	7 396 cd	9 093 a	8 341 abc	7 853 bc	7 266 cd	8 167 abc	8 043 abc	6 149 e	6 513 de	8 323 abc

注:a、b、c、d 中相同字母表示差异不显著,不同字母表示差异显著;$P<0.05$ 显著水平。

四、本节小结

(1)灌水水质为分蘖数和干物质量变化的关键影响因素。井渠水比例在 0.33~0.67 这个范围内冬小麦的分蘖能力较大,冬小麦在越冬期可以灌纯渠水(D),成熟期可灌纯井水(A)。在整个生育期灌 2 次井水 1 次渠水冬小麦干物质量的累积达到最佳效果,尤其是灌水定额为 50 m³,井渠用水比例为 0.33 的处理为最优模式。

(2)对于冬小麦产量而言,渠水水源比较多的情况下,可选择全部用渠水进行灌溉,灌溉定额为 50 m³/亩。渠水相对比较少的情况下,如需通过灌溉调控地表水和地下水,同时保证冬小麦不减产,可选择纯井水灌溉(A),灌水定额为 60 m³ 的方案进行灌溉。

第三节　不同渠井灌水配比对夏玉米生长发育的后续效应研究

一、不同渠井水配比下土壤盐分分析

(一)相同灌水定额不同渠井配比盐分对比分析

本书以灌水定额 600 m³/hm² 为例,分析不同渠井配比对 0~100 cm 土层内盐分的影响。由图 4-7 可以看出,不同土层土壤盐分变化规律不同,0~30 cm 土层土壤盐分随季节波动较大,主要是降雨和蒸发等自然因素影响;玉米生长季内各处理 0~30 cm 土层土壤盐分最大值顺序为 A>B>C>D;在拔节期各处理达到最大值,表层土壤含盐量峰值最大,盐分峰值随着土层深度的增加逐渐减小。0~40 cm 的土层内各个处理在整个生育期内相差不大,从 40 cm 土层开始各处理间的盐分波动差距逐渐变缓,且随着土层深度的增加差距越来越小。

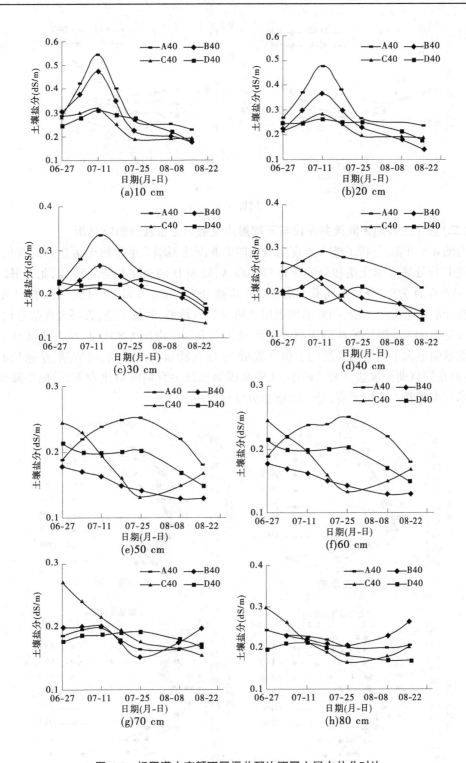

图 4-7 相同灌水定额不同渠井配比不同土层内盐分对比

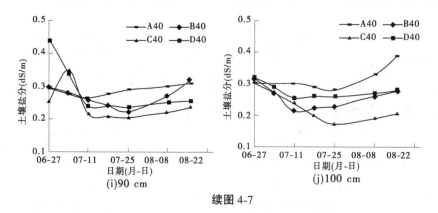

续图 4-7

（二）整个生育期相同渠井配比与不同灌水定额对土壤盐分影响分析

由图 4-8 可知,分析了整个生育期内相同渠井配比不同灌水定额土壤盐分的变化,由于处理 B 与处理 C 对土壤盐分的变化与处理 A、处理 D 的变化趋势一致,因此本书以处理 A 和处理 D 为例,分析不同灌水定额对土壤盐分的影响。6 月 26 日灌出苗水,土壤表层的盐分淋洗至土壤深层,因此苗期表层土壤含盐量较小,而拔节期,表层土壤盐分较大,这主要是因为土壤深层的盐分因蒸发聚集到土壤表层。由图 4-8 可见,纯井水灌溉的土壤含盐量明显大于纯渠水灌溉的土壤含盐量,土壤含盐量在出苗期、拔节期、孕穗期波动较大;而在灌浆期土壤盐分波动较小,主要是因为在该生育期降雨比较丰富,使得降雨量和玉米耗水量基本保持平衡,导致土壤盐分变化较小。

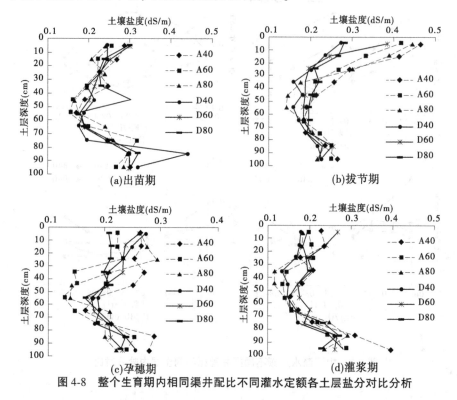

图 4-8　整个生育期内相同渠井配比不同灌水定额各土层盐分对比分析

二、不同渠井水配比与灌水定额对夏玉米形态指标的影响

(一)不同灌水模式对叶面积指数的影响

由图4-9可知,4种处理玉米的叶面积指数基本变化一致,播种之后,各个处理的叶面积指数逐渐增大且均在灌浆期达到峰值,随后都逐渐减小。灌水定额为 600 m³/hm² 时,不同的渠井用水比例对夏玉米叶面积指数影响变化一致,即不同渠井用水比例对叶面积指数的影响不明显。灌水定额为 900 m³/hm² 时,处理 A 峰值出现的时间较其他处理略早些,在拔节期达到峰值;各处理峰值大小顺序为处理 A>B>C>D,渠井用水比例对叶面积指数的影响较为显著,渠井用水比例越小,叶面积覆盖越多,植株生长得越旺盛,有利于作物的生长。灌水定额为 1 200 m³/hm² 时,叶面积指数峰值大小为处理 B>C>D>A。

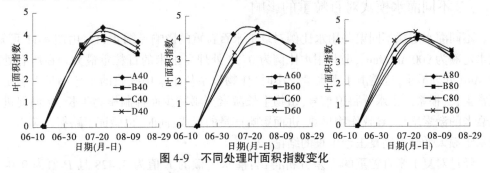

图 4-9　不同处理叶面积指数变化

(二)不同灌水模式对株高的影响

由图4-10分析可知,灌水定额过低和过高都会抑制夏玉米株高。从整个生育期来看,随着生育期的推进,玉米株高呈逐渐增高趋势。在整个生育期内,对于处理 B,不同的灌水定额对夏玉米的株高影响变化不大。夏玉米在拔节期,A40 处理最高,A80 处理最低,A40 较 A60 增加 0.7%,A40 较 A80 增加 12%,且两者之间的差异达到显著水平;在孕穗期,C60 处理株高最大,C60 较 C40 和 C80 分别增加了 4.9% 和 27.3%;而在灌浆期,B60 最大,且显著高于其他处理,较 B40 和 B80 分别增加了 10% 和 10.3%。

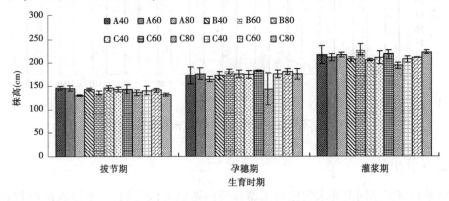

图 4-10　不同处理株高随播种后日期的变化

方差分析(见表4-7)结果表明,夏玉米在拔节期,灌水定额对株高的影响达到极显著影响;在孕穗期,灌水定额对株高的影响达到显著水平。除了孕穗期,灌水定额和渠井用

水比例互作效应对夏玉米株高影响均达到显著水平。

表 4-7　不同处理夏玉米株高的方差分析

生育期	F 值		
	渠井用水比例	灌水定额	渠井用水比例×灌水定额
拔节期	0.818	5.812**	3.027*
孕穗期	1.311	3.645*	1.395
灌浆期	1.078	2.348	3.748*

注：* 表示 $P<0.05$，** 表示 $P<0.01$。

三、不同灌水模式对百粒重的影响

不同灌水定额不同渠井用水比例对夏玉米百粒重的影响见图 4-11。由图 4-11 可知，灌水定额为 900 m^3/hm^2、渠井用水比例为 0.33 处理夏玉米的百粒重最大。在所有处理中，A40 处理最小，这是由于灌水量较小时，作物根系从土壤中吸收的水分不足以满足其正常生长，根系产生水分胁迫信号，植物生长激素分泌减少而抑制植物生长，从而促进植物衰老的激素增加，导致作物早熟，进而影响产量的形成；同时，也验证了路振广等得出的灌水定额太低会抑制夏玉米生长的结论。

经过对夏玉米百粒重的方差分析得出：灌水定额的 F 值为 3.428 且 P 值为 0.049。由于 0.049<0.05，因此灌水定额对夏玉米百粒重具有显著影响，且灌水定额为 900 m^3/hm^2 的显著水平高于其他处理。因此，当灌水定额 900 m^3/hm^2 时，各处理对夏玉米百粒重的大小顺序依次是 B>C>D>A。

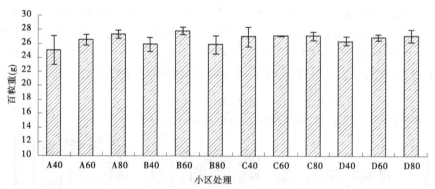

图 4-11　不同渠井用水比例对夏玉米百粒重的影响

四、本节小结

（1）通过研究不同渠井水配比对土壤盐分的影响可以得到：渠水灌溉能够较好地改变土壤次生盐渍化状况，减少表层土壤含盐量，有利于植物的生长。纯井水灌溉的土壤含盐量明显大于纯渠水灌溉的土壤含盐量；土壤表层的盐分淋洗至土壤深层，因此苗期表层土壤含盐量较小，而拔节期，表层土壤盐分较大，这主要是因为土壤深层的盐分因蒸发聚集到土壤表层。

（2）通过不同渠井水配比对夏玉米的生长发育影响研究可以得出：灌水定额对株高的影响达到显著水平。除了孕穗期，灌水定额和渠井用水比例互作效应对夏玉米株高影响达到显著水平。渠井用水比例对叶面积指数的影响较为显著。灌水定额为 900 m³/hm²、渠井用水比例为 0.33 处理的夏玉米百粒重最大。

第四节　不同渠井灌水配比对土壤盐分空间变异影响分析

一、土壤盐分统计分析

土壤含盐量的空间分布容易受土壤结构、土地利用方式、气候条件、灌溉制度与人类活动等因素的影响。试验是通过检验的样本是否在离群值区间 $[u-3s, u+3s]$ 的修正范围内，其中，字母 s 表示样本的标准差，字母 u 表示样本的平均值。另外，如有不在修正区间范围内的数据统一把它命名为离群值，且离群值分别用正常的极大值和极小值来代替。通过离群值检验后发现，各个土层 0~10 cm、10~20 cm、20~30 cm、30~40 cm、40~50 cm、50~60 cm、60~70 cm、70~80 cm、80~90 cm、90~100 cm 土壤电导率均存在离群值，通过修正后对土壤含盐量实测值进行统计分析与空间变异性分析。在进行空间变异性分析前，需对分析数据进行必要的正态性检验。本书是在 SPSS 17.0 软件中利用 Q—Q 检验图法与单样本 K—S 检验是否服从正态分布，见图 4-12。

一般情况下，当偏度系数的大小近似为 0，峰度系数的大小近似为 3 时服从正态分布。当有些土层的分布不满足正态分布的条件时，土层土壤盐度值需要进行对数的转换，来达到满足地统计学空间分析的对数数据正态分布的要求，通过分析偏度系数和峰度系数以及单样本 K—S 的检验结果明显得到 10~20 cm 土层深的土壤的含盐量不满足正态分布。因此，需要对不服从正态分布的土层进行对数转换，转换后的结果如图 4-13 所示，经过对数转换后，可以看出各土层土壤的含盐量均服从正态分布并且满足平稳的假设。

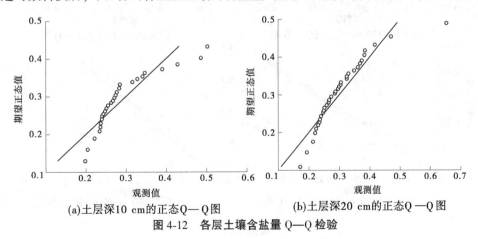

(a)土层深10 cm的正态Q—Q图　　(b)土层深20 cm的正态Q—Q图

图 4-12　各层土壤含盐量 Q—Q 检验

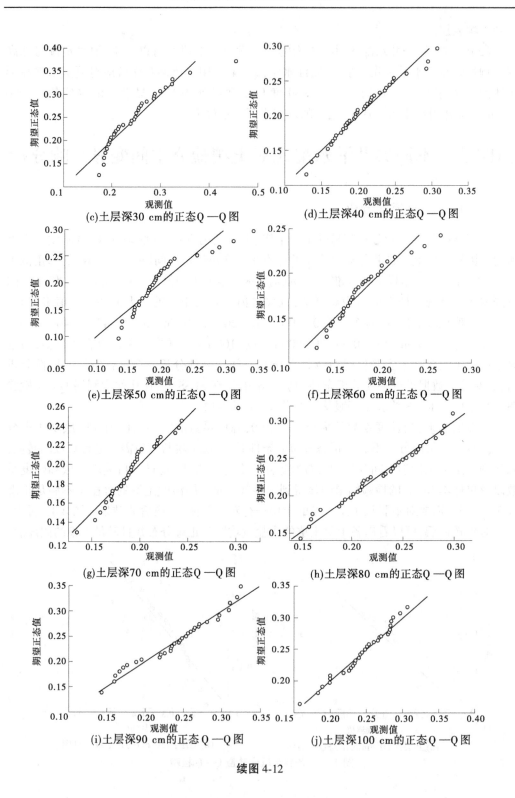

(c)土层深30 cm的正态Q—Q图　　　　(d)土层深40 cm的正态Q—Q图

(e)土层深50 cm的正态Q—Q图　　　　(f)土层深60 cm的正态Q—Q图

(g)土层深70 cm的正态Q—Q图　　　　(h)土层深80 cm的正态Q—Q图

(i)土层深90 cm的正态Q—Q图　　　　(j)土层深100 cm的正态Q—Q图

续图 4-12

通过传统统计方法分析计算,得出各层土壤含盐量(dS/m)的统计参数计算结果如表 4-8 所示。

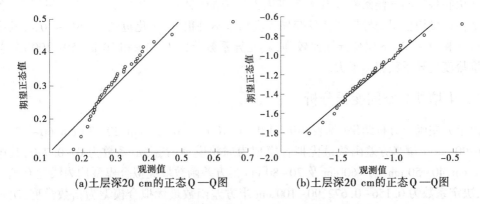

(a)土层深20 cm的正态 Q—Q图　　(b)土层深20 cm的正态 Q—Q图

图 4-13　经对数转换后的土壤含盐量 Q—Q 检验

通过土壤含盐量的统计参数可以得到:各层最小值与最大值,灌水后各层土壤含盐量变化范围不大,变化范围为 0.1~0.3 dS/m;通过表 4-8 可以看出整个采样剖面最小值出现在 30~70 cm 土层,最大值出现在 0~10 cm 土层。从平均值来看,各层土壤含盐量均值的变化范围为 0.18~0.28 dS/m,两者相差 55.5%,土层整体含盐量不大,属于轻盐土类型,说明该地区不是盐渍化类型土壤;其中表层土壤含盐量最高,30~70 cm 层土壤含盐量相对最低。不同深度的土层土壤含盐量的平均值存在一定的差异,0~10 cm 和 10~20 cm 土层土壤的含盐量分别为:0.28 dS/m 和 0.3 dS/m,由此可知 0~10 cm 和 10~20 cm 层土壤的含盐量高于其他土层。当土壤中各土层深度变大时,土壤的含盐量有着先减小然后增大的趋势变化,因此,总体上盐分在表层积聚,并且在垂直方向上的变化较大,这主要是

表 4-8　不同深度土层土壤含盐量的统计参数

土层 (cm)	最小值 (dS/m)	最大值 (dS/m)	平均值 (dS/m)	标准差 SD	变异系数 C_V(%)	偏度 $Skew.$	峰度 $Kurt.$	分布类型
0~10	0.20	0.50	0.28	0.07	25	1.81	3.10	N
10~20	0.17	0.66	0.30	0.09	30	1.93 *	5.87 *	$\lg N$*
20~30	0.17	0.45	0.25	0.06	24	1.42	3.1	N
30~40	0.13	0.31	0.21	0.05	19	0.54	1.14	N
40~50	0.13	0.34	0.20	0.05	25	1.56	2.47	N
50~60	0.13	0.27	0.18	0.03	16.7	1.07	1.46	N
60~70	0.13	0.30	0.20	0.03	15	1.34	3.83	N
70~80	0.15	0.30	0.23	0.04	17.4	0.08	0.74	N
80~90	0.14	0.32	0.24	0.05	20.8	0.33	0.64	N
90~100	0.16	0.37	0.25	0.04	16	0.36	1.54	N

注: * $\lg N$ 为对数正态分布;偏度和峰度系数均为对数转换后的值。

与该地区特定的气候、水文、地形等条件所导致的季节性积盐特征密切相关。50~60 cm 层土壤含盐量相对最低,导致这一现象的产生,原因可能是在灌水之前试验区域田地的微地形起伏和特定的气候条件以及人为等因素造成的(吴向东,2012)。对于变异系数,各层土壤含盐量均呈弱变异性特征且变异程度相差不是很大,变化范围为 15%~30%,其中 0~10 cm 和 10~20 cm 层变异性比较强,其变异系数分别为 25% 和 30%。50~100 cm 各层土壤盐度变异系数相差不大。

二、土壤盐分空间变异分析

由半方差函数分析结果(见表 4-9)可知,0~10 cm、10~20 cm、20~30 cm、60~70 cm 与 80~90 cm 土壤半方差函数最优拟合模型为球状模型,其决定系数为 0~0.719;其中 30~40 cm、40~50 cm、50~60 cm 及 70~80 cm 半方差函数最优拟合模型均为线性有基台模型,决定系数为 0.156~0.672;90~100 cm 半方差函数最优拟合模型为指数模型,决定系数为 0.281。当 F 检验为显著水平时,说明拟合效果较好。

由表 4-9 可知,各层土壤的块金值的变化范围非常小,为 0~0.002,说明试验区土壤含盐量由于试验误差或大田随机因素带来的空间变异不大;0~10 cm、10~20 cm、20~30 cm、50~60 cm、60~70 cm、80~90 cm 和 90~100 cm 块金值相等且是整个采样剖面土壤块金值的最小值,最小值均为 0。而 40~50 cm 土壤的块金值最大,为 0.002。因此,块金值的大小是根据采样深度的加深的变化先增大后减小的。基台值的变化范围较大,变化范围为 0~0.050,由此说明该试验区的土壤含盐量的总空间变异性的变化较为明显;在 50~100 cm 土层深的基台值最小,而在 0~20 cm 土层深的基台值最大,由此说明该试验区的田块土壤的含盐量在 50~100 cm 土层深的空间变异性最小,而在 0~20 cm 土层深的空间变异性最大,并且不同土层深度的土壤基台值的变化趋势与块金值大致相似。从 $C_0/(C_0+C)$ 比值来看,0~10 cm、10~20 cm、20~30 cm、50~60 cm、60~70 cm、80~90 cm 和 90~100 cm 均为最小值,为 0,70~80 cm 土层的为最大值,为 1。不同土层深的土壤含盐量变程范围变化比较明显,且变化范围为 433.00~2 041.78 cm;从表中还可以看出,土壤表层的含盐量变化比较小。

表 4-9　不同深度土壤含盐量(dS/m)半方差分析结果

土层 (cm)	理论模型	块金值 C_0	基台值 C_0+C	块基比 $C_0/(C_0+C)$	变程 a (cm)	决定系数 R^2
0~10	球状	0	0.050	0	433.00	0.293
10~20	球状	0	0.050	0	681.00	0.293
20~30	球状	0	0.004	0	200.00	0
30~40	线性	0.001	0.002	0.500	2 041.78	0.672
40~50	线性	0.002	0.003	0.667	2 041.78	0.485
50~60	线性	0	0.001	0	2 041.78	0.319
60~70	球状	0	0.001	0	403.00	0.244
70~80	线性	0.001	0.001	1.000	2 041.78	0.156
80~90	球状	0	0.002	0	908.00	0.719
90~100	指数	0	0.001	0	1 155.00	0.281

三、土壤盐分的空间分布分析

为了直观地、准确地描述试验区不同深度土层土壤含盐量在水平方向上的空间分布情况,本章利用克立格值插值的方法,并使用 surfer9 来进行插值统计分析,绘制了不同土层深度的土壤盐度值的空间分布图。且各土层深的土壤含盐量的等值线图分别如图 4-14~图 4-23 所示。

从不同深度土壤含盐量等值线图可以看出,研究区土壤电导率北部高于南部,西部高于东部,并且各土层的盐分含量的分布在空间上存着较强的相关性。20~100 cm 土层的土壤含盐量的等值线密集度高于 0~20 cm 层土深,表明其变化梯度较大。0~10 cm 土层中最大值 0.34 dS/m 出现在试验区的东北部(纯井水灌溉),试验区的南部空间变异性比较大;同样在 10~20 cm 土层中,也存在一个高值中心,其高值中心位于中南部(纯井水灌溉);土层 20~30 cm 中出现两个高值中心,且高值中心均位于东西方向的中部地带,此区域空间变异性较大,40~50 cm 层土深出现一个低值中心,其低值中心位于试验区的中北部(井渠水比例为 0.33~0.67)。50~60 cm、60~70 cm、70~80 cm 和 90~100 cm 均未出现极值中心,说明在土层 50~100 cm 深土壤盐分空间变异不大,而 80~90 cm 土深出现一个高值中心,高值中心位于西南部(纯渠水灌溉),造成这种变异性的原因可能是该试验区地下水埋深的深浅、微地形的变化和各深度土壤的质地结构不同等因素造成的。

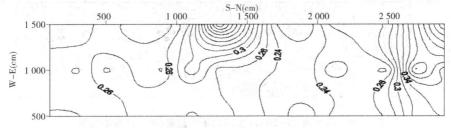

图 4-14　灌水前 0~10 cm 土层土壤含盐量(dS/m)等值线图

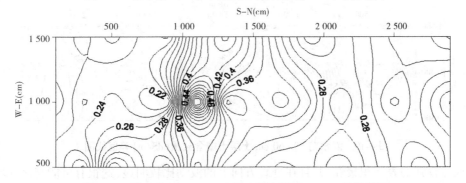

图 4-15　灌水前 10~20 cm 土层土壤含盐量(dS/m)等值线图

四、本节小结

(1)通过土壤含盐量的统计参数可以得到:当各个土壤土层深度变大时,土壤的含盐量会有先减小后增大的变化,这一现象表明各个土层土壤平均盐度值的盐分分布在总体

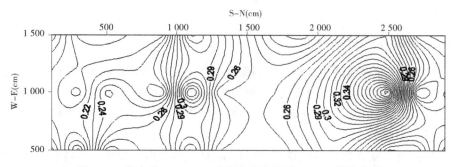

图 4-16　灌水前 20 ~ 30 cm 土层土壤含盐量(dS/m) 等值线图

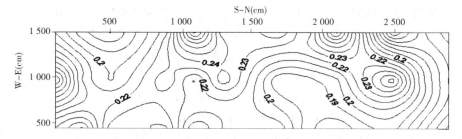

图 4-17　灌水前 30 ~ 40 cm 土层土壤含盐量(dS/m) 等值线图

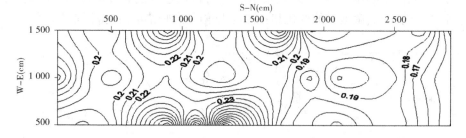

图 4-18　灌水前 40 ~ 50 cm 土层土壤含盐量(dS/m) 等值线图

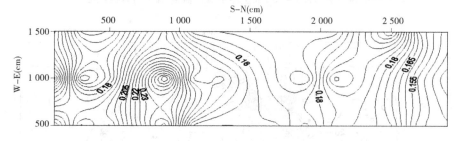

图 4-19　灌水前 50 ~ 60 cm 土层土壤含盐量(dS/m) 等值线图

上表现为较强的表层积聚性,并且在垂直方向上的波动比较明显,这很有可能与该区域的特定气候、水文、地形等条件所引起的季节性的盐分积累有关。

(2)不同层次土壤含盐量的变程范围变化较大,为 433.00 ~ 2 041.78 cm。

(3)通过不同深度土壤含盐量等值线图可以看出:各层土壤含盐量高值区均分布在试验区的正南和正北方向,而低值区均分布在试验区中北部(井渠水配比为

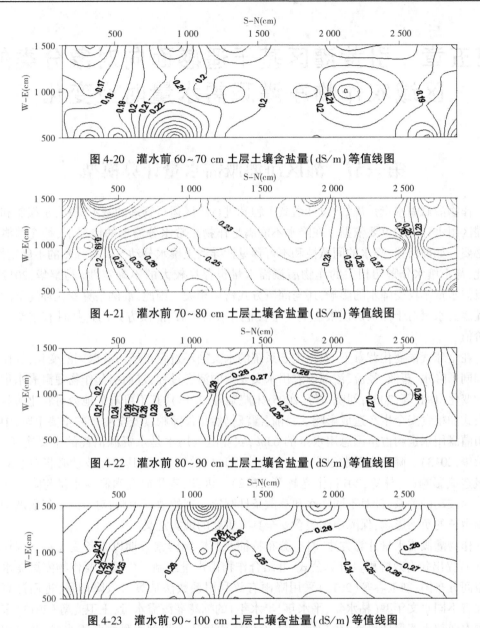

图 4-20　灌水前 60~70 cm 土层土壤含盐量(dS/m)等值线图

图 4-21　灌水前 70~80 cm 土层土壤含盐量(dS/m)等值线图

图 4-22　灌水前 80~90 cm 土层土壤含盐量(dS/m)等值线图

图 4-23　灌水前 90~100 cm 土层土壤含盐量(dS/m)等值线图

0.33~0.67),说明试验区的两侧土壤含盐量空间变异性较大,中部地区(井渠水配比为 0.33~0.67)相对平缓,造成这种变异性的现象很有可能与土壤含盐量空间分布有关系。

第五章　引黄灌区基于遥感面向对象分类的区域农作物净灌溉需水量时空变化

第一节　灌区净灌溉需水量计算模型

作物灌溉需水量是规划、设计灌溉工程和进行灌区运行管理的基本资料,是编制和执行灌区用水计划的重要依据。在降水不能满足作物正常水分需求的情况下,补充灌溉十分必要。如前所述,降水的间歇性和不可预见性导致土壤水分动态具有强烈的不确定性,因此,与土壤水分密切相关的作物灌溉需水量也存在较大的不确定性(马黎华,2012)。灌溉需水量不仅受降水的影响,还与灌溉方式密切相关。因此,准确估算变化环境下的作物灌溉需水量对于深入认识粮食生产与农业用水的矛盾、灌溉方式的选择具有重要的参考价值。

在全球气候变化背景下,农田生态系统的水文循环过程正经历着深刻的变化,气候变化加剧了降水、蒸散、径流、渗漏等农田水文要素的演变过程,进而引起作物灌溉需水量格局的变化(Döll等,2002;刘晓英等,2005;宋晓猛等,2013),其不可避免地会对农业灌溉用水模式和粮食安全生产造成影响。目前,灌溉仍然是保障粮食安全生产的重要手段,中国农田灌溉用水量约占全国总用水量的63%,农业灌溉用水是水资源消耗的主要途径(梅旭荣等,2013)。降水和蒸散过程是农田水文循环的关键环节,其年际波动必将对灌溉需水量造成影响(马林等,2011;张光辉等,2012)。因此,定量研究灌溉需水量与降水和蒸散年际波动的关系,针对不同降水和蒸散条件制定合理的灌溉策略,对于减小气候波动对作物生长的负面影响,保障中国粮食安全具有重要的现实意义。

作物灌溉需水量计算方法、时空分布特征及其影响因素长期以来备受关注。刘钰等(2009)提出旬有效降雨量计算公式,并结合作物需水量绘制了中国主要作物灌溉需水量的空间分布图;刘玉春等(2013)采用降雨有效利用系数法估算有效降雨量,进而计算了河北省不同水文年型(枯水年、平水年、丰水年)的棉花灌溉需水量;王卫光等(2012)采用美国农业部土壤保持局推荐的方法计算有效降雨量从而得到水稻灌溉需水量,并采用统计降尺度模型分析了长江中下游水稻灌溉需水量时空变化特征;胡玮等(2014)根据作物系数法和美国农业部土壤保持局推荐的方法计算华北地区冬小麦灌溉需水量,并采用相关系数法分析了气象因素对灌溉需水量的影响,发现有效降雨量对冬小麦灌溉需水量的影响最显著;王卫光等(2012)和宋妮等(2011)对水稻灌溉需水量的研究同样发现降雨量是影响灌溉需水量最主要的因素,其次是作物需水量。

作物需水量是指作物在土壤水分和养分适宜、管理良好、生长正常、大面积高产条件下的棵间土面(或水面)蒸发量与植株蒸腾量之和。作物需水量中的一部分可由降雨供给,降雨供给不足的部分需由灌溉补充,作物生长过程中需依靠灌溉补充的水量为作物的灌溉需水量。灌溉需水量反映的是作物在理想条件下不产生水分胁迫达到高产需要灌溉的水量。因此,作物生育期任何时段内根层土壤水分 s 必须保持在适宜的范围,当土壤水分降低至不引起作物水分胁迫的土壤水分临界值 s^* 时,需要进行灌溉,灌水上限为田间持水量(s_{fc})。同时,考虑降雨和潜在蒸散导致土壤水分具有较强的随机性,本书将土壤水分作为随机变量,根据灌溉需水量的定义,建立其与土壤水分密度函数的关系:

$$V = (s_{fc} - s^*)p(s^*)E_pT_{seas} \tag{5-1}$$

式中　V——作物生育期灌溉需水量,mm;

　　　$p(s)$——充分灌溉条件下的土壤水分密度函数;

　　　E_p——日平均潜在蒸散量,mm/d;

　　　T_{seas}——作物生育期天数,d;

　　　s——土壤水分,以饱和度表示;

　　　s_{fc}——田间持水量,以饱和度表示;

　　　s^*——不引起作物水分胁迫的临界土壤水分,以饱和度表示。

通过改进上述基于土壤水分动态随机模型下的点尺度的农田净灌溉需水量计算,构建了区域农作物净灌溉需水量计算模型,由于研究区土壤质地主要为壤土、砂土、沙壤土、粉壤土和黏壤土,所涉及的土壤含水量、水分胁迫临界点和田间持水量不同;研究区主要农作物为冬小麦、夏玉米和水稻,所涉及的作物系数和种植面积也不同。

因此,本书构建的区域净灌溉需水量计算模型是基于土壤水分动态随机变化的原理,将区域不同土壤质地、作物条件下的净灌溉需水量进行累加。

$$V_s = \sum \left(\frac{V_i \times A_i}{1\ 000} \right) \tag{5-2}$$

式中　V_i——作物生育期净灌溉需水量,mm;

　　　V_s——区域净灌溉需水量总和;

　　　A_i——不同分区的面积。

第二节　基于 Landsat 数据的作物种植面积提取

在计算区域农作物净灌溉需水量及分析净灌溉需水量的时空变化规律之前,需要确定灌区不同时期作物种植面积及空间分布特征。与传统人工调查统计资料相比,通过遥感技术获取作物种植相关信息量更大,范围更广、数据更加精确,节约了人力和物力。研究选取人民胜利渠灌区 2005 年、2007 年、2009 年、2011 年的 TM 影像,以及 2013 年、2015 年 OLI 传感器下总共 12 期分辨率为 30 m 的 Landsat 系列遥感影像,根据光谱特征、纹理特征确定分割尺度和分类算法,并分析主要作物种植面积的空间变化规律。

一、作物分类

本书对于灌区作物种植面积信息提取采用的是面向对象分类的方法,其中分类步骤主要为多尺度分割和影像分类。遥感影像处理方法中面向对象分类方法提取信息的基本单元是影像对象,是单个的、可分解的基本单元。

(一)多尺度分割

影像多尺度分割是指根据所预设的尺度分割参数将像元划分到各个亮度值的区域,在此基础上再根据其他的分割指标提取出不同的对象。

多尺度分割算法的构建是基于光谱的不连续性和相似性,通常分为自上而下法和自下而上法。本书采用自下而上法,基于系统的数理统计方法将相邻的和具有相关特征的像元根据异质性最小原则合并成一个区域。根据选择相应的光谱异质性和形状异质性等参数来判断所分割的是否为同一区域,其中形状异质性参数又分为紧密度和光滑度。

光谱差异性参数是通过计算用户设定的波段权重下不同层光谱标准差之和:

$$h = \sum_c w_c \sigma_c \qquad (5-3)$$

式中　w_c——用户设定的波段权重值;

　　　σ_c——光谱标准差。

也可以用合并前后光谱标准差之差的加权之和来表示:

$$h_{color} = \sum_c w_c \left[n_{merge} \sigma_c^{merge} - (n_{obj1} \sigma_c^{obj1} + n_{obj2} \sigma_c^{obj2}) \right] \qquad (5-4)$$

式中　n_{merge}、σ_c^{merge}——合并后波段的面积和标准差;

　　　n_{obj1}、n_{obj2}——合并前子波段的面积;

　　　σ_c^{obj1}、σ_c^{obj2}——合并前子波段;

　　　其余字母含义同前。

形状异质性参数包括紧密度参数和光滑度参数,则紧密度参数计算公式如下:

$$h_{cmo} = \frac{l}{\sqrt{n}} \qquad (5-5)$$

式中　h_{cmo}——对象的紧密度;

　　　l——对象的周长;

　　　n——像元个数。

光滑度参数计算公式如下:

$$h_{smo} = \frac{l}{b} \qquad (5-6)$$

式中　h_{smo}——对象的光滑度;

　　　b——对象外切矩形的周长;

　　　其他字母含义同前。

因此,合并后,影像对象的形状差异性通过光滑度参数和紧密度参数计算,具体如下:

$$h_{shape} = w_{cmpct} h_{cmpct} + w_{smooth} h_{smooth} \qquad (5-7)$$

式中　w_{smooth}——光滑度参数在形状差异性中的权重;

　　　w_{cmpct}——紧密度参数在形状差异性中所占的比重;

　　　h_{smooth}——光滑度参数;

　　　h_{cmpct}——紧密度参数。

想要进一步获取形状差异规律,则需要分别计算影像对象紧密度参数和光滑度参数合并前后标准差之差,具体如下:

$$h_{cmpat} = n_{merge} \frac{l_{merge}}{\sqrt{n_{merge}}} - \left(n_{obj} \frac{l_{obj1}}{\sqrt{n_{obj1}}} + n_{obj2} \frac{l_{obj2}}{\sqrt{n_{obj2}}} \right) \tag{5-8}$$

$$h_{smooth} = n_{merge} \frac{l_{merge}}{b_{merge}} - \left(n_{obj} \frac{l_{obj1}}{b_{obj1}} + n_{obj2} \frac{l_{obj2}}{b_{obj2}} \right) \tag{5-9}$$

其中,字母含义同前。

本书采用 eCognition 软件进行多尺度分割,利用软件分割时,分别选取尺度为 70、50、30 进行分割比较(见图 5-1),比较发现尺度为 70 的建设用地及周围植被区域并没被分割出来;尺度为 50 的基本;尺度为 30 的分割过于细微,同类别斑块分得过于烦碎。所以,分割尺度为 50 的对于区分建设用地和植被的 L1 层比较适合。因此,得出以下分割方案:采用多尺度分割算法;波段权重为 blue = 1,green = 1,red = 1,NIR = 1,MIR = 1,TIR = 1;分割尺度为 50;形状参数为 0.2,颜色参数为 0.8,紧致度参数为 0.7,平滑度参数为 0.3。而分割尺度为 10 有利于分割 L2 层,可以区分作物和绿地的斑块。灌区不同尺度分割图见图 5-1。

分割尺度为 30　　　　　　分割尺度为 50　　　　　　分割尺度为 70

图 5-1　灌区不同尺度分割图

(二)作物影像分类

遥感影像分类是根据模糊逻辑的分类系统构建相应的知识库,进而提取不同的地类信息,并不是仅仅依靠目视解译将不同对象分为一类,而是根据提供的不同对象隶属于某一类的概率及地物特征、空间相关信息(罗文兵,2014)。

eCognition 软件涵盖两种遥感影像分类类型供用户选择,其一是基于样本的监督分类,即将具有明显特征的不同地物按不同类别选择出来作为样本,然后用户可自定义一些特征函数,也可选择软件自带的一些光谱、纹理、形状等特征,构成特征空间,根据最邻近分类算法进行分类;其二是基于知识库的模糊分类,首先判断所分类的地物具有哪些属性,例如光谱特征(亮度、植被指数、不同波长等),形状特征(大小、长宽、面积等),纹理特征(异质性、同向性等),根据隶属度函数确定该属性特定取值范围构成特定的算法规则,通过这些算法规则进行分类。基于样本的监督分类人工干预较多,比如选取样本过程中是用户选取的对象作为样本,因此实际过程中会存在人为误差。而基于知识库的模糊分类方法中隶属度函数取值范围选取则是对比实地数据进行分析的,不断完善算法规则,从而建立较为精确的特征集(崔晓伟,2012)。综上所述,本书选择基于知识库的模糊分类方法对灌区作物图像进行分类。其中涉及的算法规则主要是光谱特征和纹理特征。

由于面向影像分类的基本处理单元不再是像元而是对象,因此选取的光谱特征是指影像中所包含的所有像元的对象平均光谱值。其中,由波段内平均亮度值和波段间平均亮度值构成平均光谱值(李卫国,2012)。

波段内平均亮度值具体计算公式如下:

$$C_l = \frac{1}{n_{obj1}} \sum_{i=1}^{nobjl} C_i \tag{5-10}$$

式中　　C_i——单个像元的光谱值；

　　　　n_{obj1}——组成对象的像元个数。

波段间平均亮度值计算公式如下：

$$\overline{C(x,y)} = \frac{1}{n_L} \sum_{i=1}^{n_L} C_{Li}(x,y) \tag{5-11}$$

式中　　$C_{Li}(x,y)$——各波段所对应的该像元光谱值；

　　　　n_L——波段数。

本书根据判别地物类型在软件中添加了一些光谱特征指数，具体为归一化水体指数、归一化建筑用地指数及归一化植被指数。

归一化水体指数是指影像中绿波段与近红外波段差值和绿波段与近红外波段和之比，该指数有利于凸显背景中含水量大的地物，公式表述如下：

$$NDWI = \frac{p(Green) - p(NIR)}{p(Green) + p(NIR)} \tag{5-12}$$

归一化建筑用地指数是指影像中红外波段和近红外波段差值与中红外波段和近红外波段和之比，该指数主要用于提取建筑物，公式表述如下：

$$NDBI = \frac{p(MIR) - p(NIR)}{p(MIR) + p(NIR)} \tag{5-13}$$

归一化植被指数是指影像中近红外波段和红光波段差值与中近红外波段和红光波段和之比，该指数主要反映植物生长不同阶段变化，具体公式表述如下：

$$NDVI = \frac{p(NIR) - p(Red)}{p(NIR) + p(Red)} \tag{5-14}$$

纹理特征是识别对象的主要方法之一，是影像中必不可少，也是表述比较复杂的特性，是从单一细小特征上面区分不同地物，具体可以表现为表面粗糙或者平滑，而粗糙在不同方向上也有不同；也可以表现为光照角度不同方面。因此，每个地物都有独特单一的纹理特征，而不同类别地物纹理特征差异性更大，考虑纹理特征，有助于提高面向分类精度（朱秀芳，2007；张超，2016）。

纹理特征提取的是影像中的灰度值，因此采用灰度共生矩阵（GLCM）可分析影像的纹理信息，而 GLCM 分析则根据用户提取地物类型选择计算的特征，其中包括均值、方差、异质性、同质性、相关性、对比性等。计算 GLCM 原理是任取一点，得到该点的灰度值，统计影像上所有方向不同距离和该点灰度值相同的点出现的次数，即频率。一般可以根据分类效果选择计算不同方向的 GLCM 矩阵，方向分为 0°，45°，90° 和 135°（任国贞，2014）。

2011 年，陈亮在提取人民胜利渠灌区冬小麦 NDVI 时间序列数据时发现，全年非植被区域 NDVI 值变化均小于植被区域。10 月初灌区冬小麦播种阶段，植被指数较低，与其他植被相比难以提取；12 月是冬小麦生长初期，植被指数高于其他植被，而在研究年份期间，研究区云量较多，不利于提取；本书研究选取的是 5 月初即冬小麦进入返青期后，生长迅速,其植被指数高于其他植被,无云,是提取冬小麦的最佳时期。6 月是夏玉米播种阶段,光谱特征及纹理特征与其他植被相近,容易出现错分现象;7~9 月初是夏玉米快速生长期,本书选取的是 8 月中旬,夏玉米的光谱特征中 NDVI 值与纹理特征中差异性等特征与其他植被明显不同;水稻在 8 月中旬属于生长期,冠层没有完全将稻田覆盖,下部水层可以被传感器识别,因此水稻水体指数高于其他植被(邬明权,2010),水田种植区域相对比较整齐,纹理差异性小,可以利用灰度共生矩阵相异性。因此,根据上述不同作物物候特征和多次分类规则算法测试,利用 landsat 5 和 landsat 8 建立了识别冬小麦、夏玉米及水稻规则集。面向对象分类流程如图 5-2 所示。

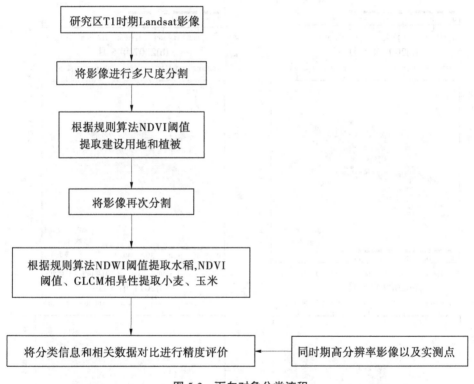

图 5-2　面向对象分类流程

二、作物种植面积提取结果

(一)作物种植面积空间分布特征

根据上述面向对象分类方法得到灌区不同时期作物分类结果,结合 Arcgis 软件生成冬小麦、夏玉米及水稻种植空间分布信息。由图 5-3 可知,人民胜利渠灌区旱季作物即冬小麦时空分布有以下特征:第一,2005 年以后灌区东北部即延津县冬小麦种植面积明显增加,主要是由于该地区为冬小麦的适宜种植区和主产区,且城镇建设以及绿地区域规划也相应产生变化;第二,灌区中部地区,即新乡县东部冬小麦种植情况比较分散;第三,城镇主要聚集区即新乡市郊冬小麦种植面积最少,这可能与城市建设规划有关。

由图 5-4 可知,人民胜利渠灌区雨季作物即夏玉米和水稻时空分布存在以下特征:第

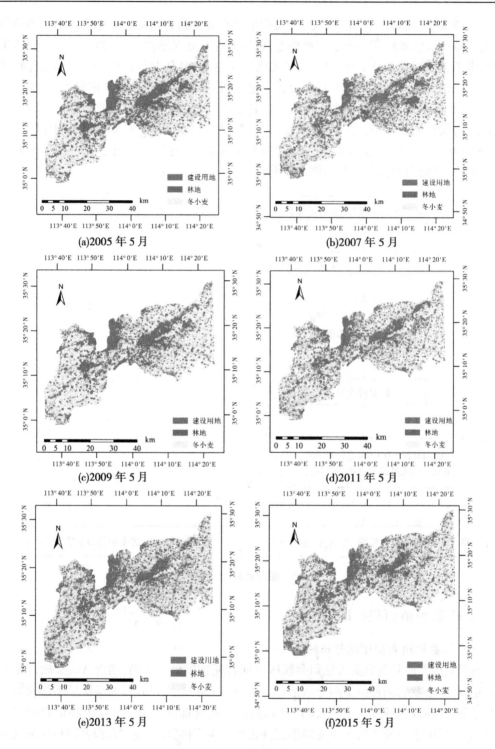

图 5-3　研究区冬小麦分布

一,水稻主要分布于原阳县和获嘉县,新乡县略少;夏玉米主要分布于延津县,主要原因是
灌区实施冬小麦与夏玉米及冬小麦与水稻轮作的生产模式,因此除水稻主要分布的区域

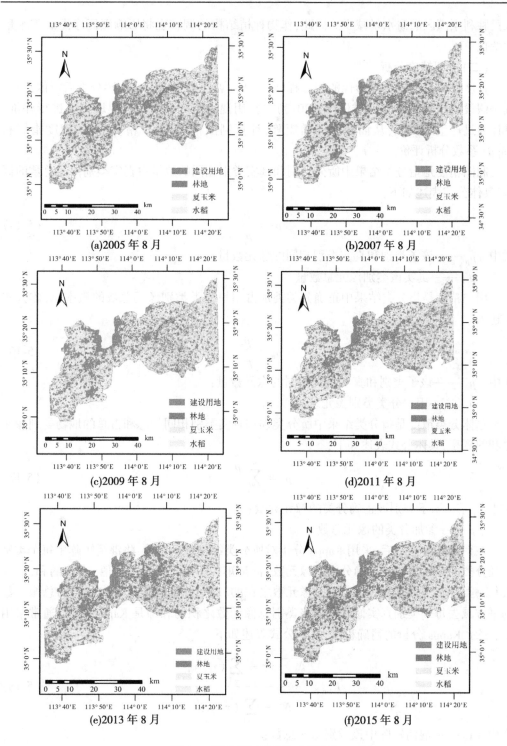

图 5-4　研究区夏玉米和水稻分布

外,夏玉米分布基本与冬小麦一致。第二,2005 年以来,灌区水稻种植面积减少,逐渐被玉米所取代,作物种植结构调整的主要原因可能是城镇建设加快,人口增多,用水量增大,人民胜利渠灌区灌溉水量减少。因此,作物种植结构的调整也将影响灌区净灌溉需水量的变化。

(二)提取精度分析

精度评价是比较两幅影像的相似程度,其中一幅是需要评价的遥感分类后影像,另一幅是假设的精确的参考图(赵英时,2013)。常用混淆矩阵法对信息提取精度进行评价。具体通过产生随机点,从而建立混淆矩阵,计算制图精度、用户精度、总体精度指标和Kappa系数分析评价。

制图精度是指分类结果中所分类别和真实类别相同的数量占真实类别像元总数的概率,具体公式表述如下:

$$p_{Aj} = \frac{p_{jj}}{p_{j+}} \tag{5-15}$$

式中　　p_{jj}——该子类别和真实类别相同的像元数量;

　　　　p_{j+}——真实该类别像元总数量。

用户精度是指分类结果中正确分类类别占用户分类类别像元总数的概率,具体公式表述为

$$p_{ui} = \frac{p_{ii}}{p_{i+}} \tag{5-16}$$

式中　　p_{ii}——该子类别和真实类别相同的像元数量;

　　　　p_{i+}——用户分类类别像元总数。

总体分类精度是指分类结果中所分类别和真实类别相同的总和占总的地物类别像元总和的概率,具体公式表述如下:

$$p_c = \sum_{k=1}^{n} \frac{p_{kk}}{p} \tag{5-17}$$

式中　　p_{kk}——子类别被正确分类的像元数量;

　　　　p——参加分类的像元总数。

在得到混淆矩阵后,采用Kappa分析对所分类结果进行评价,将混淆矩阵中每个类别参加分类的像元数与被正确分类的像元数(混淆矩阵中对角线上的数值)之积的和,再减去每一类别真实像元数与该类别总像元数之积的和,在此基础上与参加分类的总像元数的平方减去每一类别真实像元数与该类别总像元数之积的和即是Kappa分析,通常采用K_{hat}表示Kappa分析的精确程度,具体公式表述如下

$$K_{hat} = \frac{N \sum_{i=1}^{r} x_{ii} - \sum_{i=1}^{r} (x_{i+} x_{+i})}{N^2 - \sum_{i=1}^{r} (x_{i+} x_{+i})} \tag{5-18}$$

式中　　x_{ii}——混淆矩阵中该类别像元总数;

　　　　x_{i+}、x_{+i}——该类别真实像元总数量和该类别所分类得到的像元总数;

　　　　N——参与分类的像元总数。

利用Arcgis软件,在相对应分类的区域的2015年google earth数据中随机选取矢量

样本点并赋予相应的属性(见图 5-5),共选取 212 个样本点。将矢量样本点文件加载到 eCognition 软件中,进行分割及分类,获得相应的分类值并转成样本,创建 TTA 文件并保存。将 2015 年分类图在 eCognition 中打开,加载 TTA 文件并对应相应分类类别名称,进行精度评价,生成混淆矩阵。得出总体精度为 90.6%,Kappa 为 81.9%,精度较高。

图 5-5　选取的矢量样本点

第三节　灌区净灌溉需水量的时空分布规律

根据区域农作物净灌溉需水量计算模型可知,需要获取研究区的作物参数、土壤参数以及气象参数,对研究区的农作物净灌溉需水量进行计算。第四章基于 Landsat 系列影像数据,采用面向对象分类方法,提取 2005 年、2007 年、2009 年、2011 年、2013 年、2015 年作物(冬小麦、夏玉米、水稻)的种植面积及空间分布变化。本章将介绍灌区净灌溉需水量计算模型中其他因素(土壤质地分布、作物参数及降水量等)的选取方法及根据这些参数计算得到灌区多年净灌溉需水量结果的时空变化特征。

一、参数取值

(一)土壤参数选取

灌区主要土壤类型为壤土、砂土和沙壤土。其中壤土、砂土主要分布在延津县,沙壤土主要分布在新乡县(见表 5-1)。

根据人民胜利渠灌区土壤类型分布,前期在中国气象共享网上下载的多年气候水文资料以及灌区内作物种植结构情况,查阅相关文献确定模型参数取值为:壤土土壤孔隙度为 0.44,水分胁迫系数为 0.55,田间持水量为 0.64;黏壤土土壤孔隙度为 0.42,水分胁迫系数为 0.53,田间持水量为 0.75;沙壤土土壤孔隙度为 0.41,水分胁迫系数为 0.4,田间持水量为 0.64;砂土土壤孔隙度为 0.37,水分胁迫系数为 0.22,田间持水量为 0.41;粉壤土土壤孔隙度为 0.47;水分胁迫系数为 0.56,田间持水量为 0.67(黄仲冬,2015)。

表 5-1　人民胜利渠灌区土壤质地分布

行政县	土壤类型	面积(hm²)	行政县	土壤类型	面积(hm²)
淇县	壤土	180	新乡县	砂土	2 791
辉县市	黏壤土	59	新乡县	壤土	13 504
滑县	沙壤土	1 073	新乡县	黏壤土	6 822
滑县	砂土	1 466	获嘉县	沙壤土	10 421
滑县	壤土	1 647	获嘉县	壤土	3 413
卫辉市	沙壤土	2 205	获嘉县	黏壤土	3 678
卫辉市	壤土	10 197	获嘉县	粉壤土	840
卫辉市	黏壤土	3 995	封丘县	壤土	4 184
延津县	沙壤土	12 846	封丘县	粉壤土	665
延津县	砂土	32 866	原阳县	沙壤土	10 958
延津县	壤土	36 185	原阳县	砂土	1 806
延津县	黏壤土	1 237	原阳县	壤土	7 653
延津县	粉壤土	3 253	原阳县	黏壤土	838
新乡市	沙壤土	1 529	武陟县	沙壤土	3 065
新乡市	壤土	1 238	武陟县	壤土	401
新乡市	黏壤土	732	武陟县	粉壤土	136
新乡县	沙壤土	20 229			

(二)作物参数选取

本书计算人民胜利渠灌区农作物净灌溉需水量中的作物参数包括作物系数、日均潜在作物蒸发蒸腾量和作物种植面积。

潜在作物蒸发蒸腾量表示在一定气象条件下,水分供应充足的某固定下垫面的最大蒸发蒸腾量,计算方法采用最常用的作物系数法,潜在作物蒸发蒸腾量受气温、风速、湿度以及日照时长等气象因素的影响(刘淼,2009)。

参考作物蒸发蒸腾量是根据 1998 年世界粮农组织提出的 Penman-Monteith 公式:

$$ET_0 = \frac{0.408\Delta(R_n - G) + \gamma\dfrac{900}{T + 273}u_2(e_s - e_a)}{\Delta + \gamma(1 + 0.34u_2)} \tag{5-19}$$

式中　Δ——冠层截留能力,mm/d;

R_n——净辐射,MJ/(m²·d);

G——土壤热通量,MJ/(m²·d);

γ——湿度计常数,kPa/℃;

T——地面以上 2 m 处的日平均气温,℃;

u_2——地面以上 2 m 处的风速,m/s;

e_s——饱和水汽压,kPa;

e_α——实际水汽压,kPa。

人民胜利渠灌区主要作物冬小麦、夏玉米以及水稻下垫面与参考作物下垫面条件有所差异,则研究区作物日均潜在作物蒸发蒸腾量计算公式为

$$E_p = K_c ET_0 \tag{5-20}$$

式中 E_p——日平均潜在作物蒸发蒸腾量,mm/d;

K_c——作物系数。

作物系数主要受到作物种类、土壤水分、生育期等因素的影响(张清越,2014),一般采用蒸渗仪实测得到或者查阅相关文献,由于没有实测数据,本书根据宋妮等的河南省地区作物需水量研究结果确定为:冬小麦作物系数取值为 0.9,水稻作物系数取值为 1.05,夏玉米作物系数取值为 1.07(宋妮,2013)。灌区潜在作物蒸发蒸腾量变化如图 5-6 所示。

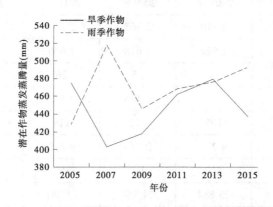

图 5-6 研究区 2005~2015 年潜在作物蒸发蒸腾量变化

根据第四章提取冬小麦、夏玉米以及水稻的类别,统计分析后得到种植面积,具体数据见表 5-2~表 5-4。

表 5-2 研究区 2005~2015 年冬小麦种植面积 （单位:hm²）

地区	2005 年	2007 年	2009 年	2011 年	2013 年	2015 年
封丘县	2 729	2 789	2 777	2 772	2 653	2 627
滑县	1 699	1 836	1 785	1 894	1 734	1 797
辉县市	36	31	40	38	36	37
获嘉县	12 971	12 438	13 180	12 033	11 376	11 246
淇县	39	76	68	130	129	133
卫辉市	9 040	10 428	9 962	9 640	8 916	8 744
新乡市	610	996	699	772	909	850
新乡县	22 821	24 182	23 628	23 153	22 273	22 781
延津县	48 955	50 228	52 136	53 489	51 808	54 102
原阳县	14 528	13 467	14 774	13 610	12 993	13 024
灌区	113 428	116 471	119 049	117 531	112 827	115 341

表 5-3　研究区 2005~2015 年水稻种植面积　　　　　　（单位：hm²）

地区	2005 年	2007 年	2009 年	2011 年	2013 年	2015 年
获嘉县	4 109	3 405	3 108	2 801	1 286	1 616
新乡县	257	378	311	162	230	36
原阳县	4 663	4 888	4 279	3 500	3 373	1 033
灌区	9 029	8 671	7 698	6 463	4 889	2 685

表 5-4　研究区 2005~2015 年夏玉米种植面积　　　　　（单位：hm²）

地区	2005 年	2007 年	2009 年	2011 年	2013 年	2015 年
封丘县	1 896	2 110	2 367	2 253	2 337	2 001
滑县	1 287	1 522	1 618	1 656	1 672	1 685
辉县市	23	31	35	26	27	23
获嘉县	7 974	7 419	8 135	9 133	9 130	8 356
淇县	47	105	122	118	127	111
卫辉市	9 136	9 274	9 916	9 250	7 603	8 911
新乡市	1 090	440	416	892	759	853
新乡县	24 307	23 884	24 558	23 881	21 417	22 305
延津县	50 932	52 196	56 875	53 020	54 290	56 772
原阳县	7 760	7 772	8 823	10 415	9 374	12 066
灌区	104 452	104 753	112 865	110 644	106 736	113 083

（三）降水参数选取

以往研究中多采用有效降水量作为降雨主要参数，有效降水量的估算大多采用经验公式法，导致估算结果有一定的局限性，不能真实地反映实际变化情况。本书涉及的降水参数为降水频率 λ 和日均降水量 α，计算公式详见第二章第一节，计算结果如图 5-7 所示。

二、灌区净灌溉需水量时空分布分析

根据获取的土壤参数、作物参数以及降水参数，对人民胜利渠灌区 2005 年、2007 年、2009 年、2011 年、2013 年和 2015 年净灌溉需水量进行计算。计算结果如图 5-8 所示，2005~2015 年农作物净灌溉需水量年际变化为 5.76 亿~6.97 亿 m³，随时间呈现波动起伏的变化特征，在枯水年 2007 年和 2013 年，灌区净灌溉需水量分别是 6.97 亿 m³ 和 6.93 亿 m³，其他年份为 5.76 亿~6.01 亿 m³。与图 5-7 相对比，灌区 2013 年旱季日均降水量最大，但降水频率最小；2005~2007 年旱季日均降水量和降水频率均呈现下降趋势。2011 年雨季日均降水量和降水频率均为最大。从波动幅度看出，旱季日均降水量和降水频率波动幅度更加剧烈。表明年际间降水量的变化对农作物净灌溉需水量存在一定影响，但不是唯一影响因素。

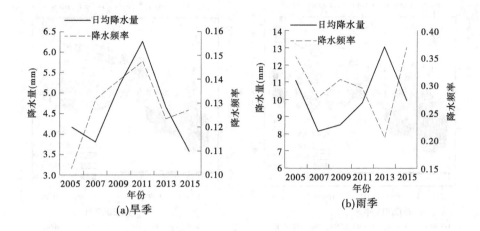

图 5-7 研究区 2005~2015 年降水参数变化

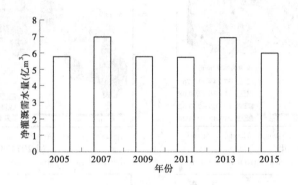

图 5-8 研究区 2005~2015 年净灌溉需水量变化

　　研究区 2005~2015 年旱、雨季农作物净灌溉需水量空间分布如图 5-9 和图 5-10 所示。经对比发现,人民胜利渠灌区西南—东北一带农作物净灌溉需水量较高,中部偏西区域农作物净灌溉需水量较低,农作物净灌溉需水量由四周向中部呈现逐渐降低的趋势。2005~2015 年,旱季农作物净灌溉需水量最高的地区是封丘县、滑县、获嘉县和原阳县,净灌溉需水量在 150~350 mm;新乡市和新乡县较低,净灌溉需水量在 50~140 mm。2005~2015 年,雨季净灌溉需水量最高的地区是原阳县和获嘉县,在 70~210 mm,延津县、卫辉市、淇县、滑县净灌溉需水量呈现下降趋势;新乡市和新乡县较低,在 19~130 mm。旱季净灌溉需水量明显高于雨季,是雨季净灌溉需水量的 1.3~3 倍,说明降水量的变化影响农作物净灌溉需水量。根据采用的区域农作物净灌溉需水量计算公式,选取作物种植面积、降水及潜在作物蒸发蒸腾量对农作物净灌溉需水量影响贡献度进行分析。

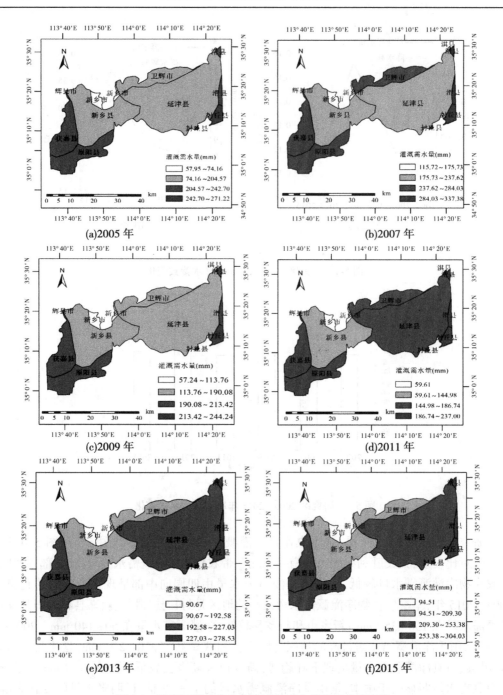

图 5-9　研究区旱季农作物净灌溉需水量空间分布变化

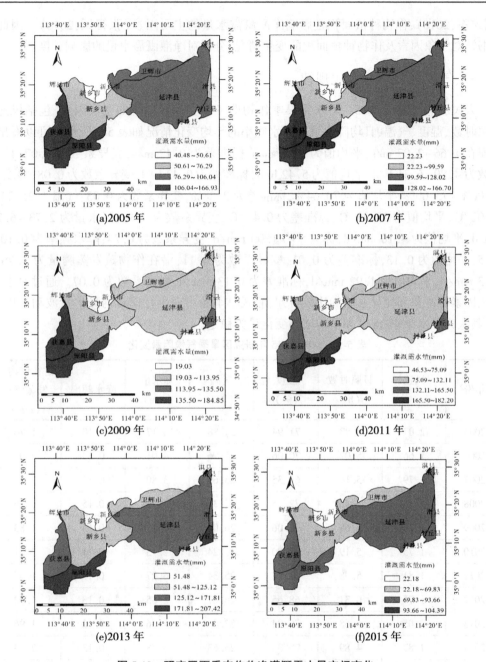

图 5-10　研究区雨季农作物净灌溉需水量空间变化

第四节　灌区净灌溉需水量的影响因素分析

根据区域农作物净灌溉需水量计算模型,表明影响区域农作物净灌溉需水量时空变化的因素繁多,如降水频率、日均降水量、作物种植面积、潜在作物蒸发蒸腾量、气温等。已有研究表明,降水参数和潜在作物蒸发蒸腾量是影响作物需水量的 2 个重要环境因素

（雷宏军,2016）,作物种植面积是影响净灌溉需水量的主要因素（张智韬,2016）。因此,本书针对气象因素及作物种植面积的变化情况,分析对净灌溉需水量的影响程度。

一、气象因素年际变化规律

人民胜利渠灌区 2005~2015 年旱季作物即冬小麦生育期时的气候因素,包括风速、日照时数、湿度、气温、日均降水量及降水频率的年均变化情况如表 5-5 所示。可以看出,风速在 1.66~2.07 m/s,平均值为 1.85 m/s,标准差为 0.12 m/s,变异系数为 0.07;日照时数为 4.89~6.31 h/d,平均值为 5.42 h/d,标准差为 0.42 h/d,变异系数为 0.08;湿度为 66.06%~75.00%,平均值为 70.64%,标准差为 2.28%,变异系数为 0.03;气温为 25.34~27.02 ℃,平均值为 25.95 ℃,标准差为 0.47 ℃,变异系数为 0.18;降水量为 2.73~6.27 mm/d,平均值为 4.10 mm/d,标准差为 1.00 mm/d,变异系数为 0.24;降水频率为 0.10~0.15,平均值为 0.13,标准差为 0.01,变异系数为 0.11;潜在作物蒸发蒸腾量为 1.76~2.13 mm/d,平均值为 1.92 mm/d,标准差为 0.13 mm/d,变异系数为 0.07。通过对上述气候因素标准差和变异系数的比较可知,灌区旱季冬小麦生育期日均降水量波动幅度最大,其次为降水频率,湿度和平均气温变化最为稳定。

表 5-5　2005~2015 年研究区旱季气候因素变化

年份	风速 (m/s)	日照时数 (h)	湿度 (%)	气温 (℃)	降水量 (mm)	降水频率	潜在作物蒸发蒸腾量 (mm)
2005	2.07	5.83	71.94	25.88	4.17	0.10	1.76
2006	1.66	5.02	70.06	25.96	4.01	0.13	2.03
2007	1.79	5.16	69.35	25.69	3.80	0.13	2.13
2008	1.86	5.35	72.15	25.37	3.79	0.15	1.76
2009	1.86	5.64	66.06	26.05	5.17	0.14	1.83
2010	1.75	5.19	75.00	26.24	2.73	0.11	2.01
2011	1.81	5.08	71.98	25.34	6.27	0.15	1.93
2012	1.75	6.31	68.65	26.07	2.85	0.13	1.92
2013	2.05	5.68	70.94	27.02	4.66	0.12	1.96
2014	1.87	4.89	70.35	25.63	3.58	0.13	2.03
2015	1.86	5.44	70.54	26.16	4.09	0.13	1.76

人民胜利渠灌区 2005~2015 年雨季作物即夏玉米、水稻生育期时的气候因素,风速、日照时数、湿度、平均气温、日均降水量及降水频率的年均变化情况如表 5-6 所示。可以看出,风速保持在 1.96~2.26 m/s,平均值为 2.08 m/s,标准差为 0.11 m/s,变异系数为 0.06;日照时数波动于 4.35~6.02 h/d,平均值为 5.07 h/d,标准差为 0.51 h/d,变异系数为 0.10;湿度波动于 55.74%~64.24%,平均值为 58.42%,标准差为 3.70%,变异系数为

0.06;气温波动于 9.33~11.56 ℃,平均值为 10.41 ℃,标准差为 0.62 ℃,变异系数为
0.06;降水量波动于 8.17~14.14 mm/d,平均值为 10.56 mm/d,标准差为 1.96 mm/d,变
异系数为 0.19;降水频率波动于 0.20~0.37,平均值为 0.30,标准差为 0.04,变异系数为
0.15;潜在作物蒸发蒸腾量波动于 3.30~4.26 mm,平均值为 3.69 mm,标准差为
0.28 mm,变异系数为 0.08。通过对上述气候因素标准差和变异系数的比较可知,灌区雨
季夏玉米、水稻生育期日均降水量波动幅度最大,其次为降水频率,而风速变化最为稳定。

表 5-6　2005~2015 年研究区雨季气候因素变化

年份	风速 (m/s)	日照时数 (h)	湿度 (%)	气温 (℃)	降水量 (mm)	降水频率	潜在作物 蒸发蒸腾量 (mm)
2005	2.26	5.51	58.61	10.44	11.08	0.35	3.90
2006	2.09	5.20	59.93	11.56	10.16	0.30	3.52
2007	2.06	5.16	58.57	10.29	8.17	0.28	3.30
2008	2.18	5.50	55.74	10.84	12.19	0.29	4.26
2009	2.22	5.33	60.99	9.33	8.53	0.31	3.43
2010	2.07	6.02	49.37	10.31	14.14	0.31	3.43
2011	1.88	4.35	64.24	10.13	9.80	0.30	3.79
2012	2.12	4.53	60.44	9.89	8.27	0.27	3.78
2013	2.01	4.88	57.57	11.25	13.08	0.20	3.93
2014	1.99	4.69	58.58	10.23	9.94	0.37	3.58
2015	1.96	4.60	58.62	10.19	10.84	0.28	3.73

综合上述分析可知,降水是作物生育期波动幅度最大的因素,并且在夏玉米、水稻生
育期降水量及降水频率、日照时数、湿度、气温变化较为剧烈,而风速则在冬小麦生育期变
化更为剧烈。

二、作物种植面积对净灌溉需水量影响分析

研究区的净灌溉需水量与该地区的作物种植结构有关,作物种植面积是影响区域净
灌溉需水量的重要人类活动因素(雷宏军,2016)。图 5-11 给出 2005~2015 年,人民胜利
渠灌区 10 个县(市、区)3 种主要作物种植面积以及净灌溉需水量变化图。可以看出,
2005~2015 年,冬小麦、夏玉米、水稻的种植面积比较稳定,变化较小;封丘县、获嘉县、卫
辉市、新乡县、原阳县冬小麦种植比例存在小幅度降低,其他区域呈现轻微上升趋势。延
津县冬小麦、夏玉米种植面积明显大于其他县(市、区),水稻主要种植在获嘉县、新乡县、
原阳县。封丘县、淇县、延津县在 2009 年、2013 年夏玉米种植面积比例高于其他年份,滑
县、获嘉县在 2011 年、2013 年夏玉米种植面积比例高于其他年份,卫辉市在 2007 年、2009
年夏玉米种植面积比例高于其他年份,新乡市郊及新乡县夏玉米种植比例呈现下降趋势,

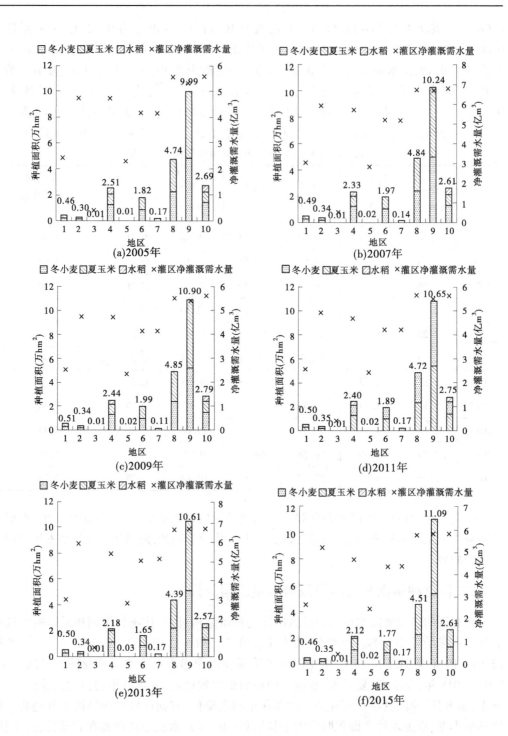

1—封丘县;2—滑县;3—辉县市;4—获嘉县;5—淇县;6—卫辉市;7—新乡市;8—新乡县;9—延津县;10—原阳县

图 5-11　研究区各县(市、区)作物种植面积与净灌溉需水量变化

而原阳县则逐年上升。水稻主要种植区获嘉县呈现显著下降,而原阳县呈现上升趋势。上述灌区冬小麦、夏玉米及水稻变化趋势与净灌溉需水量变化趋势基本一致,比较明显的区域如获嘉县、延津县和原阳县,充分证实作物种植结构对区域净灌溉需水量的影响。个别地区如滑县作物种植面积相对较小,净灌溉需水量却异常大,这表明作物种植面积并不是主要影响因素,还存在其他影响因素如潜在作物蒸发蒸腾量。

三、敏感性分析

为进一步分析影响人民胜利渠灌区净灌溉需水量变化的因素,对净灌溉需水量与气象因素、土壤参数以及作物种植面积等影响因素进行敏感性分析。灌区净灌溉需水量对影响因素的敏感程度见表5-7。由表5-7可知,降水频率为强敏感参数,降水量、湿度、气度、冬小麦种植面积为中等敏感参数,随着降水量、降水频率及湿度的增加,灌区净灌溉需水量呈现下降趋势,温度越高,净灌溉需水量越大。灌区净灌溉需水量对冬小麦种植面积的敏感性较强,一方面是因为冬小麦需水量较大,另一方面是由于冬小麦与夏玉米、冬小麦与水稻呈现轮作的生产模式。而风速、日照时数、夏玉米及水稻种植面积为弱敏感参数,并且在其他参数不变的条件下,净灌溉需水量随着这些参数的增加呈现不同程度的上升趋势。

表 5-7　灌区净灌溉需水量对影响因素的敏感程度

排序	参数	变化幅度(%)	排序	参数	变化幅度(%)
1	λ	−4.17	6	n	+2.04
2	α	−3.45	7	u	+1.84
3	T	+3.2	8	Sc	+1.57
4	RH	−3.04	9	Sr	+0.34
5	Sw	+2.52			

第五节　结　论

本章以人民胜利渠灌区为研究对象,选取 2005 年、2007 年、2009 年、2011 年、2013年、2015 年作为研究年份,利用遥感面向对象分类的方法提取遥感影像中的主要作物信息,基于农田土壤水分动态随机模型计算了区域农作物净灌溉需水量并对其时空分布特征进行分析,从而揭示人民胜利渠灌区农作物净灌溉需水量的变化规律,把握区域农作物净灌溉需水量对气象、作物因素的敏感程度。主要研究结果如下:

(1)面向对象分类方法在识别遥感影像中的作物光谱特征和纹理特征方面精度较高;通过模糊规则分类算法选择植被指数和灰度共生矩阵的适用范围更广。提取结果表明,2005~2015 年人民胜利渠灌区冬小麦种植面积变化幅度较小,为 $1.128 \times 10^5 \sim$ 1.19×10^5 hm^2,主要分布在延津县、新乡县,占冬小麦种植面积的63%。2009 年冬小麦种植面积达到最大。多年平均值表现为:延津县冬小麦面积变化比较明显,呈小幅度上升趋势;新乡县及获嘉县冬小麦面积呈降低趋势。夏玉米种植面积的变化范围在 $1.044×$ $10^5 \sim 1.13×10^5$ hm^2,2015 年种植面积达到最大,主要分布于延津县和新乡县。水稻种植面积持续下降,2015 年下降至 $2.7×10^3$ hm^2,水稻的种植区主要分布在原阳县和获嘉县。

(2)本书构建的区域农作物净灌溉需水量模型改进了以土壤水分概率密度函数为基础的点尺度净灌溉需水量计算模型,确定净灌溉需水量与降水参数、潜在蒸发蒸腾量之间的定量关系,充分考虑了土壤水分随机特性和降水的不确定性,实现了基于土壤水分动态随机模型的净灌溉需水量计算在区域尺度上的应用。对区域农作物净灌溉需水量的计算结果表明,2005~2015 年人民胜利渠灌区农作物净灌溉需水量年际变化为 5.76 亿~6.97亿 m^3,变化幅度较小,其中 2005~2007 年变化幅度最大,增幅为 21%;2011~2013 年次之,增幅为 20%;2009~2011 年变化幅度最小,降幅为 0.23%;其中在 2007 年净灌溉需水量最高,为 6.97 亿 m^3。通过对不同降雨时期的净灌溉需水量对比得出,灌区在旱季净灌溉需水量最高,占到全年总净灌溉需水量的 66%,为雨季的 1.3~3 倍。西南—东北一带(封丘县、滑县、获嘉县和原阳县)农作物净灌溉需水量较高,旱季净灌溉需水量在 150~350 mm,雨季的在 70~210 mm,中部偏西地区农作物净灌溉需水量偏低,县(市、区)整体变化趋势相似;10 个县(市、区)在相同年份的净灌溉需水量空间变化波动幅度较大。

(3)对比灌区冬小麦、夏玉米及水稻变化趋势与净灌溉需水量变化趋势图,比较明显的区域(获嘉县、延津县和原阳县)变化规律基本一致,表明作物种植结构对区域农作物净灌溉需水量存在较大影响。气象因素年际变化统计结果表明,日降水量、降水频率是波动幅度最大的因素,其次是平均气温、日照时数。敏感性分析结果表明,降水频率为强敏感参数,降水量、平均气温、湿度、冬小麦种植面积为中等敏感参数,而风速、日照时数、夏玉米及水稻种植面积则为弱敏感参数。灌区净灌溉需水量对冬小麦种植面积的敏感性较强,究其原因,一是冬小麦需水量较大,二是冬小麦与夏玉米、冬小麦与水稻实行轮作的生产模式,这些参数的增加势必会导致净灌溉需水量增大。

第六章　引黄灌区基于 GIS 的渠井结合灌溉机井空间布局优化

第一节　灌区地下水动态变化规律及影响因素

一、灌区地下水时空动态变化规律

(一)地下水随时间动态变化规律

近年来,随着经济社会的发展,水资源短缺问题日益严峻,为满足灌区作物灌溉需水,地下水开采量越来越大,如图 6-1 所示。

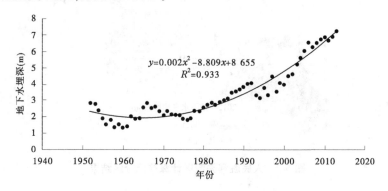

$$y=0.002x^2-8.809x+8\ 655$$
$$R^2=0.933$$

图 6-1　人民胜利渠灌区地下水埋深变化

由图 6-1 可知,从 1953 年至 2014 年,人民胜利渠灌区平均地下水埋深整体呈快速增加趋势,并且近 35 年来,地下水埋深增加的速度越来越快,2014 年灌区的地下水平均埋深更是达到了 10 m 以上,并且部分机井已经干涸,从 2007 年到 2014 年,灌区的地下水埋深增加了 3.93 m,平均每年以 0.49 m 的速度增加。若持续过度开采地下水,地下水位将持续下降,并会出现大范围地下水降落漏斗,灌区生态环境将会进一步恶化(李发菊等,2011)。因此,设计并制定灌区合理的地下水开发利用优化方案刻不容缓。

(二)地下水随空间动态变化规律

根据全灌区 228 个观测井点的资料,用 ArcGIS 的克里金插值法得到灌区地下水平均埋深图。根据灌区的地貌类型及地下水的埋深现状,将灌区划分为 6 个区,如图 6-2 所示。其中 1 区属于灌区的上游,地貌类型为黄河滩地,地势较高,灌溉方式主要是渠灌,地下水平均埋深为 3.40 m,埋深较浅,机井密度较小,主要种植的是水稻,用水量较大,故单分为 1 个区。灌区的中游属于井渠结合地区,其上段地势较高,排水较好,下段地势平缓,地下水埋深比上段小,按其地形地貌和地下水位可划分为 4 个区。中游 2 区主要是古黄河背河洼地,地下水平均埋深为 7.60 m;中游 3 区主要是古黄河滩地,地下水开采量较大,地下水平均埋深为 12.39 m,明显大于其他区域,已经形成了地下水漏斗;中游 4 区主要是古黄河背河洼地,地下水平均埋深为 6.44 m;中游 5 区主要是古黄河滩地,地下水平均埋深为 6.53 m。下游 6 区是古黄河滩地,采用井渠结合的灌溉方式,以井灌为主,渠水补源,地下水平均埋深为 9.69 m,机井密度较大,单分为 1 个区。古黄河滩地地势较高,地面、地下水径流条件较好;古黄河背河地区地势低平,地面高程较古黄河滩地低 3~4 m,径流条件较差。

由图 6-2 可知,灌区的地下水埋深情况分布不均,有的地方严重超采,如 3 区和 6 区,甚至在 3 区已经形成地下水降落漏斗;有些地方尚有开发潜力,如 1 区。全灌区的地下水平均埋深在逐年下降,根据 ArcGIS 的分区统计功能计算各个区从 2007 年至 2013 年的地下水平均埋深,如图 6-2 所示,可知除上游 1 区以外,中下游 2 至 6 区的地下水埋深一直呈增加趋势,其中下游 6 区的埋深变化最大,其线性倾向率为 0.358 m/a;其次是中游 3 区和 5 区,其线性倾向率分别为 0.223 m/a(图 6-3)和 0.206 m/a。

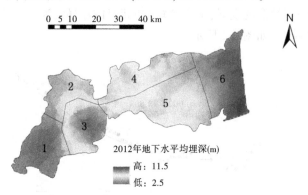

图 6-2　人民胜利渠灌区计算单元分区结果

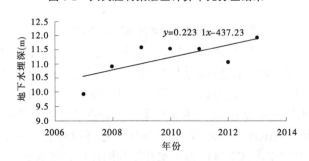

图 6-3　灌区 3 区地下水埋深随时间变化

统计 2013 年灌区各区地下水埋深平均值,如图 6-4 所示,在 6 个区中,地下水埋深最大的是中游 3 区和下游 6 区。由图 6-5 所示的灌区地下水埋深时空变化图可以明显看出,中游 3 区已经形成严重的地下水漏斗,近年来,该区域的地下水埋深呈下降趋势,说明该区域的地下水开采过量,并且外来的地下水补给不够。地下水资源的匮乏会导致地下水环境问题,破坏地下水系统生态平衡,削弱地下水系统的自我净化能力,使地下水的污染问题更难以解决(王永东,2015)。

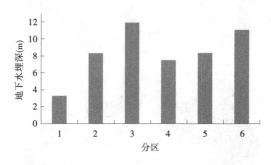

图 6-4　2013 年灌区各区地下水埋深平均值

二、灌区地下水动态变化影响因子分析

(一)降水量影响及其变化趋势

根据全灌区从 1956 年至 2014 年共 59 年的封丘、朱付村、官山、辉县、卫辉、获嘉、合河、大宾、大车集这 9 个雨量站的平均降水资料,得出近 59 年来灌区多年平均降水量为 618.25 mm,灌区最大年降水量为 1 023.80 mm(1963 年),最小年降水量为 298.61 mm(1965 年),最大值和最小值之比为 3.43,年际差异较大。

如图 6-6 所示,对灌区 1956~2014 年的降水量资料分析表明,灌区近 60 年来降水量整体呈下降趋势,其线性倾向率为 1.432 4 mm/a,其与年份的关系式为 $f(x) = -1.432 4x + 3 461.5$。

如图 6-7 所示,地下水埋深与降水量呈负相关关系,地下水埋深随着降水量的增大而减小,其线性倾向率为 $-0.001 8$ m/mm,与年份的线性关系式为 $f(x) = -0.001 8x + 4.562 5$。

综合分析可知,灌区降水量序列下降趋势显著,这与近年来气候变暖、降水量减少、蒸发量增加的大趋势同步,而降水量的减少也是灌区平均地下水埋深增大的原因之一。

(二)引黄水量影响及其变化趋势

用 SAS 软件将历年的地下水埋深与农业引黄水量、降水量、地表水资源量、地下水资源量做相关性分析,得出地下水埋深与农业引黄水量、地表水资源量、地下水资源量有显著相关关系,显著性水平分别为 0.028 7、0.047 8、0.037 8。可知引黄水量的多少及其空间配置直接影响了灌区各区的地下水埋深。

20 世纪 70 年代至 2000 年,引黄水量较大,最大值为 6.167 亿 m³(1976 年),灌区多年平均(1974~1995 年)为 4.57 亿 m³,2000 年以后,引黄水量明显减少,平均为 2.57 亿 m³,减少了 43.8%;灌区多年平均(2008~2014 年)农田灌溉用水量为 5.43 亿 m³。经分析知,近 30 年来,引黄水量呈下降趋势,如图 6-8 所示,近年来,引黄水量下降趋势明显。而近年来的农业需水量变化不大,所以灌区部分地区地下水的开采量更大。分析图 6-9 可知,引黄水量和地下水埋深呈负相关关系,随着引黄水量的减少,地下水埋深增大,其线性倾向率为 $-0.000 04$ m/m³。灌区地表灌溉水的入渗是地下水补给的主要来源之一(刘燕,2010),随着灌区地表灌溉引水量的减少,地下水补给量也随之减少,进而导致灌区地下水位的下降。

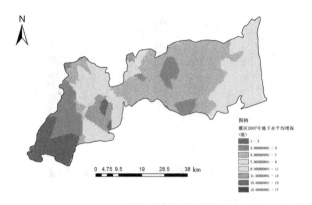

灌区2007年地下水平均埋深值

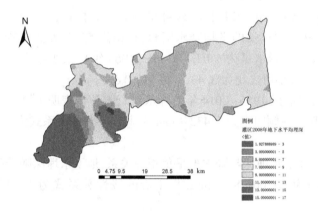

灌区2008年地下水平均埋深值

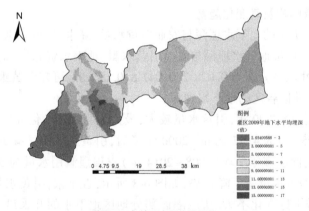

灌区2009年地下水平均埋深值

图 6-5　人民胜利渠灌区地下水埋深时空变化

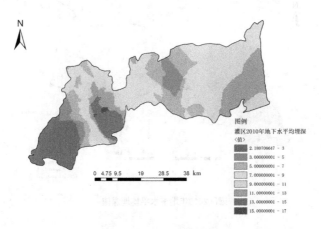

灌区2010年地下水平均埋深值

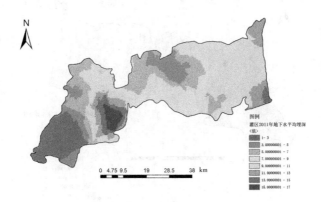

灌区2011年地下水平均埋深值

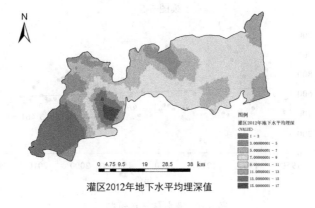

灌区2012年地下水平均埋深值

续图 6-5

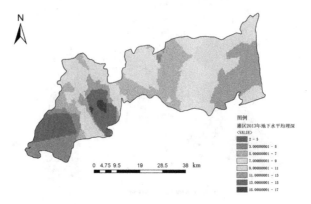

灌区2013年地下水平均埋深值

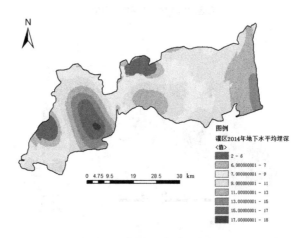

灌区2014年地下水平均埋深值

续图 6-5

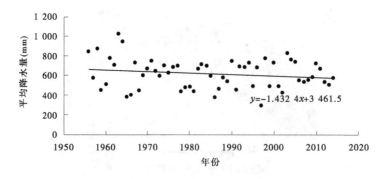

图 6-6　降水量与年份关系

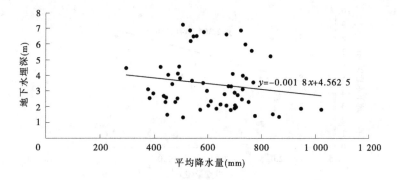

图 6-7　降水量与地下水埋深关系

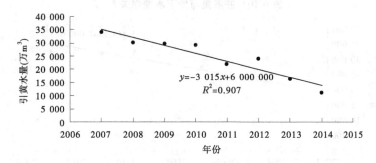

图 6-8　引黄水量与年份关系

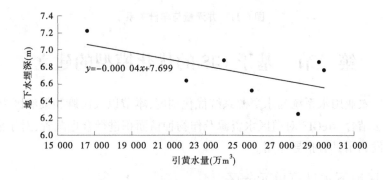

图 6-9　引黄水量与地下水埋深关系

(三) 井灌影响及其变化趋势

分析图 6-10 可知,井灌量和地下水埋深呈正相关关系,随着井灌量的增大,地下水埋深也增大,其线性倾向率为 2.305 3 m/亿 m³。随着灌区地下水开采量的增加,灌区地下水位下降的幅度增大。分析图 6-11 可知,井灌量和年份呈正相关关系,近年来,地下水开采量越来越大,其线性倾向率为 1 461.2 年/万 m³。分析可知,井灌量的多少及其空间配置直接影响了灌区各区的地下水埋深。

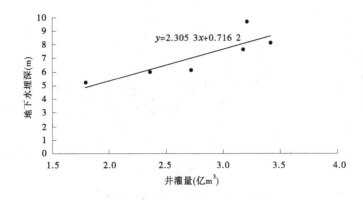

图 6-10　井灌量与地下水埋深关系

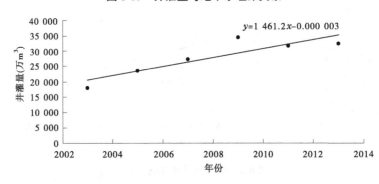

图 6-11　井灌量与年份关系

第二节　基于 GIS 的优化模型的建立

为了灌区农业用水系统与水资源系统优化调度,本节以人民胜利渠灌区为研究对象,采用优化算法结合 ArcGIS 对灌区水资源及作物种植面积进行合理配置,对于灌区水资源的可持续开发利用具有指导作用。

一、灌区地下水计算单元分区

根据全灌区 228 个观测井点的资料,用 ArcGIS 的克里金插值法得到灌区地下水平均埋深图,根据灌区的地貌类型、水文地质条件及灌区地下水的埋深现状,将灌区划分为 6 个计算单元,如图 6-2 所示。

二、优化模型的建立

(一)决策变量

以灌区各区各时段引黄水量 Q_{qti}、地下水开采量 Q_{qti}、各区的作物种植面积为决策变量 A_{ij},即 Q_{qti} 为 t 时段子区域 i 的引黄水量(m^3);Q_{gti} 为 t 时段子区域 i 的地下水抽取量(m^3)。$i=1,2,\cdots,6;j=1,2;t=1,2,\cdots,12$。

（二）目标函数

优化的目的就是让有限的水资源发挥最大的经济效益，同时改善灌区生态环境。以灌区各区各时段引黄水量、地下水开采量、各区的作物种植面积为决策变量，以灌区用水量最小和产量最大为目标，可表示为作物的经济效益与渠水与井水灌溉的灌溉费用之差，从而构建灌区多水源优化调配模型。人民胜利渠灌区属于典型的井渠结合灌区，主要供水来源是地下水开采量和引黄水量。灌区主要种植旱作物和水稻，旱作物包括小麦和玉米，其中小麦和玉米轮作，以一个月为一个时段，以 2013 年为例，计算一年的灌溉效益，求出每个月每个区最优的引黄灌溉水量、地下水水量和各区的作物种植面积。模型目标函数如下：

$$\max Z = \sum_{i=1}^{6} \sum_{j=1}^{2} P_j y_j A_{ij} - \sum_{i=1}^{6} \sum_{t=1}^{12} Q_{qti} C_1 - \sum_{i=1}^{6} \sum_{t=1}^{12} Q_{gti} C_2 \tag{6-1}$$

式中：Z 为灌区总的经济效益，元；y_1 为种植小麦及玉米的单产，kg/m^2；P_1 为小麦及玉米的单价，元/kg；y_2 为种植水稻的单产，kg/m^2；P_2 为水稻的单价，元/kg；C_1 为引黄灌溉单价，元/m^3；C_2 为抽取地下水单价，元/m^3；Q_{qti} 为 t 时段子区域 i 的引黄水量，m^3；Q_{gti} 为 t 时段子区域 i 的地下水抽取量，m^3。

（三）约束条件

（1）灌溉需水量约束：渠水和地下水及有效降水量的总和应满足作物需水量，根据人民胜利渠灌区的种植结构及灌溉定额，可以得出各分区每个月的灌溉需水量。

$$\sum_{i=1}^{6} \sum_{t=1}^{12} n_{tj} A_{ij} - \sum_{i=1}^{6} \sum_{t=1}^{12} Q_{qti} - \sum_{i=1}^{6} \sum_{t=1}^{12} Q_{gti} \leqslant \alpha \sum_{i=1}^{6} \sum_{t=1}^{12} P_{ti} \tag{6-2}$$

式中：n_{tj} 为 t 时段内第 j 种作物的灌水定额，m^3/m^2；A_{i1} 为种植小麦及玉米的子区域 i 的面积，m^2；A_{i2} 为种植水稻的子区域 i 的面积，m^2；Q_{qti} 为 t 时段子区域 i 的引黄水量，m^3；Q_{gti} 为 t 时段子区域 i 的地下水抽取量，m^3；P_{ti} 为 t 时段子区域 i 的降水量，m^3。

根据河南省人民胜利渠灌区节水改造研究成果报告，可取灌溉水利用系数为 0.55，降水有效利用系数为 0.1。$i=1,2,\cdots,6$；$j=1,2$；$t=1,2,\cdots,12$。

（2）总的渠水约束：由于人民胜利渠灌区的渠水灌溉来源于引黄水，所以渠水灌溉总用水量等于引黄水量。

$$\sum_{i=1}^{6} \sum_{t=1}^{12} Q_{qti} = Q_q \tag{6-3}$$

式中：Q_{qti} 为 t 时段子区域 i 的引黄水量，m^3；Q_q 为总的引黄水量，m^3；$i=1,2,\cdots,6$；$t=1,2,\cdots,12$。

（3）地下水资源量约束：

$$\sum_{i=1}^{6} \sum_{t=1}^{12} Q_{gti} \leqslant \beta_1 \sum_{i=1}^{6} \sum_{t=1}^{12} Q_{qti} + \beta_2 \sum_{i=1}^{6} \sum_{t=1}^{12} Q_{gti} + \beta_3 \sum_{i=1}^{6} \sum_{t=1}^{12} P_{ti} + \sum_{i=1}^{6} \sum_{t=1}^{12} \mu_i s_i h_{ti} \tag{6-4}$$

式中：Q_{qti} 为 t 时段子区域 i 的引黄水量，m^3；Q_{gti} 为 t 时段子区域 i 的地下水抽取量，m^3；P_{ti} 为 t 时段子区域 i 的降水量，m^3；β_1 为渠灌田间入渗补给系数；β_2 为井灌回归系数；β_3 为降水入渗补给系数；μ_i 为子区域 i 的给水度；s_i 为子区域 i 的控制面积，m^2；h_{ti} 为 t 时段内第 i 子区域的地下水埋深的增加值，m；$i=1,2,\cdots,6$；$t=1,2,\cdots,12$。根据河南省人民胜利渠灌区节水改造研究成果报告,渠灌田间入渗补给系数 β_1 确定为 0.35,井灌回归系数 β_2 确定为 0.1。根据灌区降水入渗补给资料分析,降水入渗补给系数 β_3 取其平均值,确定为 0.18。

（4）种植面积约束:各个区的旱作物及水稻的种植面积应该小于各个区的控制面积。

$$\sum_{i=1}^{6}\sum_{j=1}^{2}A_{ij} < \sum_{i=1}^{6}s_i \qquad (6\text{-}5)$$

式中: $i=1,2,\cdots,6$; $j=1,2$; A_{i1} 为种植小麦及玉米的子区域 i 的面积, m^2 ; A_{i2} 为种植水稻的子区域 i 的面积, m^2 ; s_i 为子区域 i 的控制面积, m^2 。

（5）变量非负约束:

$$A_{ij} > 0, Q_{qti} > 0, Q_{gti} > 0 \qquad (6\text{-}6)$$

式中: $i=1,2,\cdots,6$; $j=1,2$; A_{i1} 为种植小麦及玉米的子区域 i 的面积, m^2 ; A_{i2} 为种植水稻的子区域 i 的面积, m^2 ; Q_{qti} 为 t 时段子区域 i 的引黄水量, m^3 ; Q_{gti} 为 t 时段子区域 i 的地下水抽取量, m^3 。

用 MATLAB 编程,可求出每月每个区的最优的引黄水量、地下水取水量和各个区的旱作物和水稻的种植面积。

三、求解方法

(一) 线性规划法

如图 6-12、图 6-13 所示,用 MATLAB 编程,采用线性规划法求出每月每个区的引黄水量、地下水取水量和各个区的旱作物和水稻的种植面积。

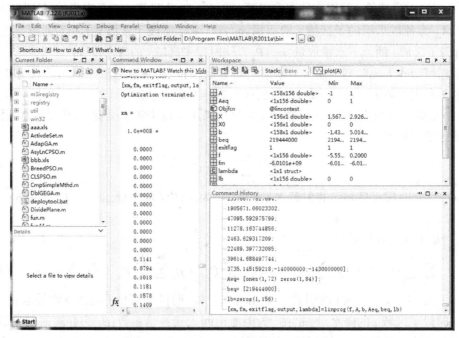

图 6-12　MATLAB 线性规划法运行结果 1

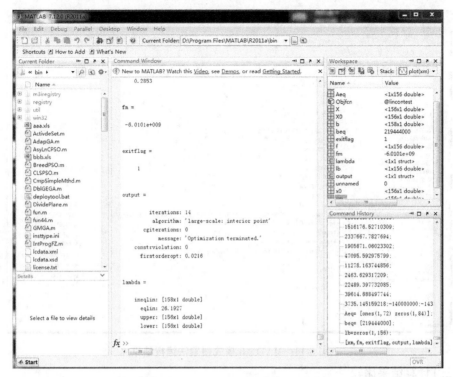

图 6-13　MATLAB 线性规划法运行结果 2

(二)模式搜索法

为检验线性规划法优化计算结果的准确性,如图 6-14 所示,采用模式搜索法求出每月每个区的引黄水量、地下水取水量和各个区的旱作物和水稻的种植面积,并和线性规划法的计算结果进行对比。模式搜索法是一种有着很好的全局搜索能力的求解最优化问题的方法,即使所求问题毫无规律,并且有无穷多的极小值点,但模式搜索法仍然可以找到最小值点(吴兴远,2009)。算法从初始基点开始,包括轴向移动和模式移动,这两种移动在每一次迭代中都是交替进行的,两种移动方式都是试图顺着"山谷"使函数值更小(徐小平等,2008)。

模式搜索法的主要步骤如下:

设目标函数为 $f(x)$,$x \in R^n$,坐标方向 $e_j = (0, \cdots, 0, 1, 0, \cdots, 0)^T$,$j = 1, \cdots, n$。

(1)给定初始点 $x^1 \in R^n$,给定初始步长 δ,加速因子 $\alpha \geqslant 1$,缩减率 $\beta \in (0,1)$,精度 $\varepsilon > 0$。任取初始点 $x^{(1)}$ 作为第一个基点,令 $y^1 = x^1$,$k = 1$,$j = 1$。

(2)轴向搜索:若 $f(y^j + \delta e_j) < f(y^j)$,则令 $y^{j+1} = y^j + \delta e_j$,转步骤(3);若 $f(y^j - \delta e_j) < f(y^j)$,则令 $y^{j+1} = y^j - \delta e_j$,转步骤(3);否则,令 $y^{j+1} = y^j$。

(3)若 $j < n$,则令 $j := j+1$,转步骤(2)。如果 $f(y^{n+1}) < f(x^k)$,转步骤(4);否则,转步骤(5)。

(4)模式搜索:令 $x^{k+1} = y^{n+1}$,$y^1 = x^{k+1} + \alpha(x^{k+1} - x^k)$。令 $k := k+1$,$j = 1$,转步骤(2)。

(5)如果 $\delta \leqslant \varepsilon$,停止,得到点 $x^{(k)}$;否则,令 $\delta := \beta\delta$,$y^1 = x^k$,$x^{k+1} = x^k$,令 $k := k+1$,$j = 1$,转步骤(2)。

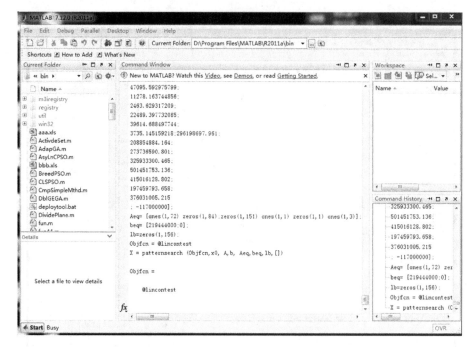

图 6-14　MATLAB 模式搜索法运行结果

(三)计算结果比较

用模式搜索法和线性规划法分别可以求出灌区每个月每个区的引黄水量、地下水开采量和作物种植面积。对用两种算法求出的各个区每个月的引黄水量及地下水开采量做了统计,从图 6-15、图 6-16 可以看出两种算法求出的结果基本一致。为此我们选用了线性规划法的优化结果。为了验证所建立的优化模型是否能改善灌区的地下水状况,接下来将用 MODFLOW 建立地下水数值模拟模型,将优化模型和地下水数值模拟模型进行耦合。采用线性规划法计算的灌区的引黄水量和地下水灌溉量以及作物种植面积,为接下来将用优化算法与 MODFLOW 模型耦合做好了准备工作。

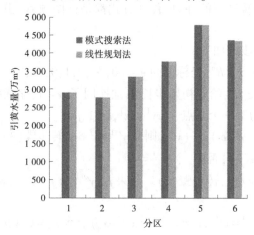

图 6-15　两种方法引黄水量比较

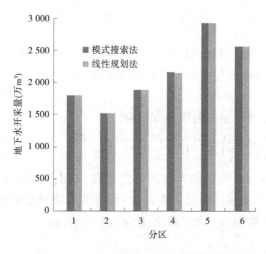

图 6-16　两种方法地下水开采量比较

(四)小结

(1)本节以灌区灌溉净效益最大为目标,采用 MATLAB 对引黄水量和地下水资源的配置及作物的种植面积进行了优化,为分析优化结果的可靠性,分别采用了线性规划法和模式搜索法进行比较,两种方法优化结果基本一致。

(2)本节采用的优化算法可以用于对水资源和作物种植结构的优化配置,结果表明,采用优化模型可以使有限的引黄水量和地下水开采量产生最大的经济效益,同时保持灌区地下水系统的平衡,改变灌区地下水漏斗现状和地下水位严重下降的趋势。

(3)本节研究内容为接下来将用优化算法与 MODFLOW 模型耦合做好准备工作,以验证优化结果对调节灌区地下水采补平衡的作用。

第三节　基于 GIS 的地下水数值模拟模型的建立

优化算法可以用于对水资源和作物种植结构的优化配置,为验证第四章所建立的优化模型对调节灌区地下水采补平衡的作用,接下来将用 GIS 耦合 MODFLOW 建立地下水数值模拟模型,并将优化模型和地下水数值模拟模型进行耦合,为渠井结合灌区水资源和作物种植面积的优化提供依据。

一、地下水数值模拟模型简介

本研究使用的地下水数值模拟模型的软件是 MODFLOW,MODFLOW 是一种可视化地下水渗流模型软件,在世界范围内使用较广泛。本节通过在人民胜利渠灌区使用 MODFLOW 进行地下水资源的模拟与预报,建立了三维非稳定流数值模型,并与 GIS 技术进行耦合,对灌区水资源合理配置与调控进行模拟分析。MODFLOW 模型能有效模拟人民胜利渠灌区的地下水系统,具有很好的应用和推广前景。

二、方法

研究区可以概化为非均质各向同性的潜水含水系统。在 MODFLOW 模型中采用三维非稳定流模型,在模型中的每个单元上都要考虑含水层与外界的渗透性能和厚度因素,进行垂向补给量的模拟。

地下水非稳定流运动模型的偏微分方程为:

$$\frac{\partial}{\partial x}\left(K_{xx}\frac{\partial h}{\partial x}\right) + \frac{\partial}{\partial y}\left(K_{yy}\frac{\partial h}{\partial y}\right) + \frac{\partial}{\partial z}\left(K_{zz}\frac{\partial h}{\partial z}\right) - W = S_s\frac{\partial h}{\partial t} \tag{6-7}$$

式中:K_{xx}、K_{yy}、K_{zz} 为沿 x、y、z 坐标轴方向的渗透系数,m/d;W 是源汇项,d^{-1},用以代表流进汇或来自源的水量,主要包括渠灌入渗补给量、井灌入渗补给量和降水入渗补给量;S_s 为孔隙介质的比释水系数,d^{-1};t 为时间,d;h 为地下水头,m。

(一)抽水试验

地下水数值模拟模型识别需要确定水文地质参数。为此我们在人民胜利渠灌区的洪门实验站进行抽水试验,以确定该地区的水文地质参数。洪门试验站设置了一个主孔和三个观测孔,主孔的内孔直径是 37.10 cm,外孔直径是 37.2 cm,观测深度是 24.12 m,三个观测井的内孔直径是 3 cm,外孔直径是 20.8 cm,观测深度分别是 26.09 m、30.92 m、27.12 m。主孔开始时的水位是 10.811 2 m,温度是 16.123 ℃,48 h 以后其水位是 9.835 m,温度是 16.116 ℃。观测孔 1 开始时的水位是 20.492 2 m,温度是 15.593 ℃,48 h 以后其水位是 20.226 2 m,温度是 15.598 ℃。观测孔 2 开始时的水位是 24.839 6 m,温度是 15.361 ℃,48 h 以后其水位是 24.648 5 m,温度是 15.505 ℃。观测孔 3 开始时的水位是 21.481 5 m,温度是 15.377 ℃,48 h 以后其水位是 21.317 5 m,温度是 15.381 ℃。对试验数据进行整理和计算分析,可确定该区域的水文地质参数,最后计算得出该地区的渗透系数为 2 m/d。

(二)网格剖分

根据人民胜利渠灌区的水文地质图和地形图可知,渗流区的含水层属于单一含水层,地下水类型属于潜水性质,因此在 MODFLOW 模型中设置 1 层含水层,研究区以人民胜利渠灌区的实际控制范围为边界,将渗流区域进行网格剖分,可剖分成 160 列 74 行,共计 11 840 个正方形单元。在 GIS 中将经纬度坐标转换成长度单位,将灌区控制范围的 GIS 图导入 MODFLOW 模型中,作为模型的底图,模型的长度是 92 400 m,宽度是 42 735 m,如图 6-17 所示,深色网格为无效单元,浅色网格为有效单元。

(三)时段划分

对人民胜利渠灌区多年地下水埋深、降水量、灌溉引水量以及地下水开采量等资料进行分析,因为 2011 年和 2012 年有 228 个观测点的地下水埋深数据,数据较为完整,代表性较强,所以选取 2011 年和 2012 年为模型的率定期,选取 2013 年为模型的验证期,以月为应力期,时间步长以天计。

(四)初始条件

根据时段划分,以 2011 年 1 月流场作为 MODFLOW 模型中地下水资源计算的初始流场。将 GIS 中灌区的高程点数据加载到 MODFLOW 模型中,如图 6-18 所示,再用克里金

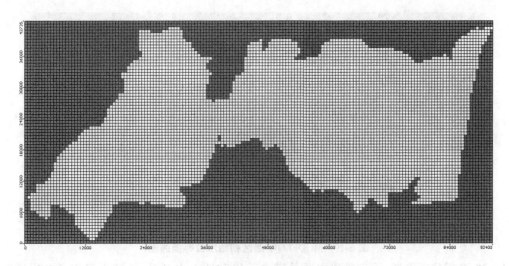

图 6-17　MODFLOW 网格剖分结果

插值法得到灌区高程插值图。根据人民胜利渠灌区的实际高程及观测点的地下水埋深资料,得到观测点地下水位,在模型中采用克里金插值法计算得到灌区潜水含水层初始水位,如图 6-19 所示。

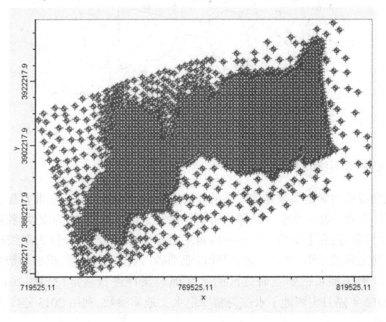

图 6-18　MODFLOW 灌区高程点数据

(五)边界条件

如图 6-20 所示,根据灌区水文地质特点,在灌区的西南方向设置定水头,东北方向设置通用水头,通过定水头边界子程序包(GHD)及通用水头边界子程序包(GHB)计算边界补给量和排泄量(蒋任飞,2005)。垂直补给主要是渠灌入渗补给、井灌入渗补给和降水入渗补给。在 MODFLOW 模型中加载之前划分的 GIS 计算单元分区图,其补给量按

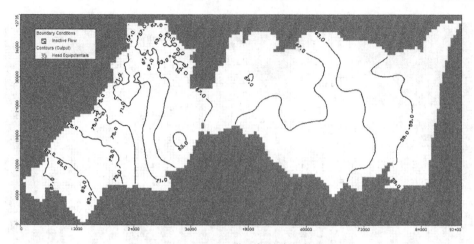

图 6-19　MODFLOW 灌区初始水位等值线图

图 6-20 进行分区设置;垂直排泄主要是潜水蒸发和地下水开采,将蒸发量以 ASCII 的形式输入模型中,地下水开采量换算成相应分区的开采强度分配到相应的 6 个分区中。

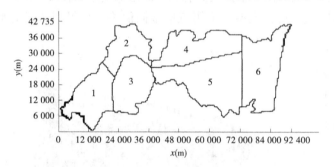

图 6-20　MODFLOW 边界条件图

三、模型的率定和验证

模型识别需要的确定参数是含水层的渗透系数(k)和给水度(μ)(曲嘉伟,2014)。人民胜利渠灌区在武陟县—新乡—延津一带水位储存条件良好,岩性为细砂、粉砂为主的单层结构,导水性良好;在七里营—滑县—内黄一带储水条件较好,岩性为亚细砂、粉细砂;在卫河和黄河之间的延津、新乡一带,岩性以亚细砂与亚黏土为主。模型参数初始的渗透系数和给水度根据抽水试验及研究区的水文地质条件进行确定(陈震,2013),并利用2011 年及 2012 年隔月实测地下水位资料率定水文地质参数,利用 2013 年实测地下水位资料验证参数。

灌区的地面高程即为实际的地面高程,根据抽水试验及研究区的调研情况,确定初始水文地质参数,即确定渗透系数和给水度,利用 2011 年及 2012 年的实测地下水位资料对水文地质参数进行率定,利用 2013 年的实测地下水位资料进行验证。

用计算水位值和实际水位值之间的误差作为判断模型是否模拟准确的标准,误差绝对值越小,说明模型的模拟仿真性越好,模型选取的参数越合理(马驰等,2006)。率定期和验证期的误差指标的结果统计见表 6-1。

表 6-1　地下水位计算值与观测值误差指标(MODFLOW 模型,率定期和验证期)

误差指标	平均残差 RM(m)	平均绝对残差 ARM(m)	标准误差估计 (m)	均方根 RMS(m)	标准化均方根比例 NRMS(%)	相关系数
率定期	0.09	0.478	0.118	0.574	2.086	0.997
验证期	0.149	0.458	0.108	0.539	1.959	0.998

　　率定期和验证期整个灌区的误差指标计算成果见表 6-1,各种误差指标均在允许的范围之内(刘路广等,2010) ,相关系数均在 0.99 以上,表明地下水位计算值和实测结果吻合较好。同时,如图 6-21 和图 6-22 所示,各点均匀地分布在 1∶1相关线两侧的附近,所有计算出的水位与观测点的原水位进行比较,误差均在可接受范围之内。因此,可以证明所建立的概化的地下水水文地质模型符合研究区的实际情况,可利用所建立的地下水数值模型对人民胜利渠灌区地下水流场变化趋势进行预测。

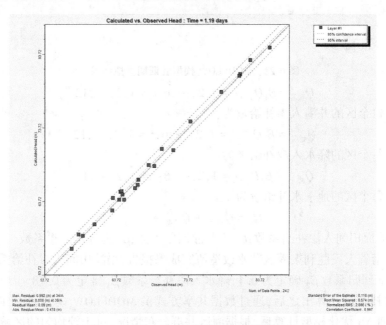

图 6-21　MODFLOW 模型率定期模拟结果

四、MATLAB 优化模型与 MODFLOW 模型的耦合

　　根据优化模型可以求出每个月每个区的地下水开采量和引黄水量,进而可确定 MODFLOW 模型中的机井开采量、灌溉入渗补给量等,并采用 2013 年的降水量及蒸发量,降水量同 MATLAB 优化模型公式(6-2)中的 P_{ti},即可确定 MODFLOW 地下水模拟模型公式(6-7)中源汇项 W 中的降水入渗补给量、渠灌入渗补给量、井灌入渗补给量,计算公式如下。Q_{qti} 和 Q_{gti} 分别为 MATLAB 优化模型公式(6-1)所计算出的每个区每个月的引黄水灌溉量及地下水灌溉量。

　　每个月每个区的渠灌入渗补给量为:

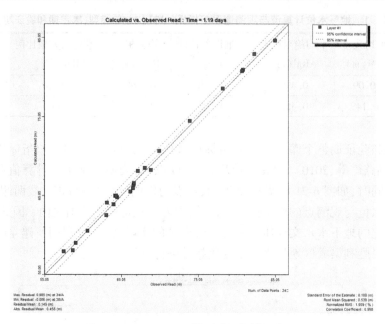

图 6-22　MODFLOW 模型验证期模拟结果

$$Q_{渠灌} = \beta_1 Q_{qti}, i = 1,2,\cdots,6; t = 1,2,\cdots,12 \tag{6-8}$$

每个月每个区的井灌入渗补给量为：

$$Q_{井灌} = \beta_2 Q_{gti}, i = 1,2,\cdots,6; t = 1,2,\cdots,12 \tag{6-9}$$

每个月每个区的降水入渗补给量为：

$$Q_{降水} = \beta_3 P_{ti}, i = 1,2,\cdots,6; t = 1,2,\cdots,12 \tag{6-10}$$

每个月每个区的地下水补给量为：

$$Q_{补} = Q_{渠灌} + Q_{井灌} + Q_{降水} \tag{6-11}$$

式中：β_1 为渠灌田间入渗补给系数；β_2 为井灌回归系数；β_3 为降水入渗系数。

根据河南省人民胜利渠灌区节水改造研究成果报告，渠灌田间入渗补给系数 β_1 确定为 0.35，井灌回归系数 β_2 确定为 0.1，降水入渗补给系数 β_3 确定为 0.18。

地下水补给量计算出之后，通过数据共享方式供 MODFLOW 模型调用，而地下水开采量由 MATLAB 优化模型计算后，根据灌区井群分布情况，对于较均匀的区域，采用概化方法以平均开采强度来计算，在 MODFLOW 模型中分区布置开采井点。

优化模型运行一年后的地下水位等值线如图 6-23 所示，可以看出对地表水及地下水、作物种植结构进行优化配置之后，其地下水流场总体形态变化不大，地下水集中开采水源地水位普遍升高，降落漏斗范围减小，等水位线升高，地下水超采的状态得到改善。

五、模型计算结果

对优化模型求出的计算结果进行统计如表 6-2 所示。

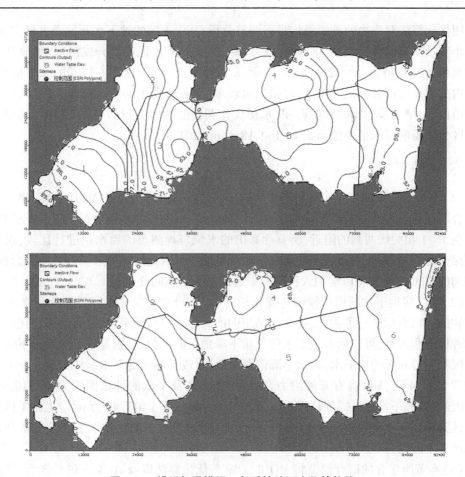

图 6-23 模拟初及模拟一年后的地下水位等值线

表 6-2 灌区各分区作物面积及井数规划表

分区	上游 1 区	中游 2 区	中游 3 区	中游 4 区	中游 5 区	下游 6 区	合计
旱作物规划面积(万 m²)	28 311.93	20 068.75	19 268.14	31 702.75	49 456.37	37 033.54	185 841.48
旱作物现有面积(万 m²)	10 246.04	15 274.99	19 745.98	19 563.47	40 744.40	37 603.10	143 177.98
旱作物需新增面积(万 m²)	18 065.89	4 793.76		12 139.28	8 711.97		43 710.90
旱作物需削减面积(万 m²)			477.84			569.56	1 047.40
水稻规划面积(万 m²)	689.88						689.88
水稻现有面积(万 m²)	14 850.06		101.95				14 952.01
水稻需削减面积(万 m²)	14 160.18		101.95				14 262.13
引黄水量(万 m³)	3 449.87	2 373.27	2 163.76	3 754.32	5 866.85	4 336.32	21 944.39
地下水开采量(万 m³)	1 983.72	1 235.09	1 246.48	1 948.78	3 035.20	2 300.40	11 749.67

用优化算法对作物的种植结构进行调整分析,其中 1 区的地下水开发潜力最大,可以增加小麦及玉米的种植面积 18 065.89 万 m²,2 区、4 区、5 区尚有开发潜力,可分别增加种植面积 4 793.76 万 m²、12 139.28 万 m²、8 711.97 万 m²,3 区和 6 区需削减种植面积。灌区内的水稻大部分种植在 1 区,水稻耗水较多,为有效利用灌区水资源,可以减少水稻的种植面积,增加旱作物的种植面积,水稻优化调整的种植面积如表 6-2 所示,其中 1 区和 3 区分别需削减水稻种植面积 14 160.18 万 m²、101.95 万 m²。

六、小结

(1)本节根据灌区多年实测资料用 ArcGIS 进行统计计算,结合 MODFLOW 建立了井渠结合灌区地下水动态的模拟模型,模拟计算水位与观测点原水位进行比较,各点均匀地分布在 1 : 1 相关线两侧的附近,所有计算出的水位与观测点的原水位进行比较,误差均在可接受范围之内,表明所确定的水文地质参数能够客观地反映灌区实际地质概念模型,采用 MODFLOW 模型可以模拟人民胜利渠灌区地下水空间变化。

(2)本节将地下水的模拟模型与优化模型相结合,对引黄水量和地下水资源的配置及作物的种植面积进行了优化,提高了结果的准确性。模拟结果表明,若采用优化用水和作物种植面积方案,可以抬升地下水位严重下降地区的水位,特别是地下水严重下降区中游 3 区和下游 6 区的地下水位,减小降落漏斗范围,改善灌区地下水漏斗情况。上游 1 区及中游 2 区、4 区、5 区尚有开发潜力,共可增加小麦及玉米的种植面积为 43 710.90 万 m²,中游 3 区和下游 6 区需要压缩小麦及玉米的种植面积 1 047.40 万 m²。上游 1 区和中游 3 区共需压缩水稻种植面积 14 952.01 万 m²,可显著改善灌区地下水漏斗现状和地下水位严重下降的趋势。

(3)本节所建立的耦合模型将 MODFLOW 与优化算法以及 ArcGIS 进行嵌套,既能扩大模型的功能,提高模型的精度,又能模拟地下水开发利用状况,为渠井结合灌区水资源和作物种植面积的优化提供了依据。

第四节　变化环境条件下灌区地下水模拟预报

伴随着全球气候的不断变化和社会经济的快速发展,加强对灌区在变化条件下的地下水模拟预报有利于灌区地下水资源的有效利用。目前,灌区的降水量在时空上分布不均,不同水平年下灌区的地下水平衡模式也不同,为此进行不同水平年下灌区地下水的模拟预报尤为重要。在变化环境下,确定灌区合理的地下水开采量,保证灌区地下水系统的采补平衡,有利于灌区的生态环境和可持续发展。为此,用本章第三节所建立的 MODFLOW 地下水模拟模型对灌区的地下水进行多年的预测,设置不同降水水平年,设置不同地下水开采量,观察全灌区的地下水位多年变化情况。

一、不同水文年降水量分析

灌区自开灌以来测有每个水文年的降水资料,通过对 1994～2013 年降水资料的频率分析(见图 6-24)可知,2000～2013 是一个包括了丰、平、枯在内的代表性降水周期,且每个水文年代表年分别为:平水年(50%,以 2008 年为代表年)563.1 mm、枯水年(75%,以 2012 年为代表年)412.5 mm、特枯水年(95%,以 2002 年为代表年)355.9 mm。根据灌区降水入渗补给资料分析,降水入渗补给系数取其平均值,确定为 0.18。

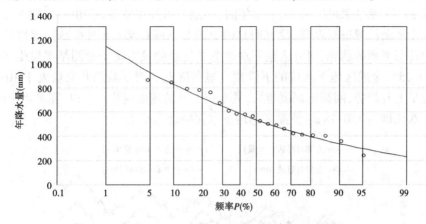

图 6-24　灌区降水量频率曲线适配结果

二、预报方案的确定

根据灌区水资源状况,模型设置 8 个开采预报方案,其中平水年和枯水年分别设置 4 个方案(见表 6-3)。通过对 1994~2013 年降水资料的频率分析可知,2000~2013 年是一个包括了丰、平、枯在内的代表性降水周期,其中平水年(50%,以 2008 年为代表年)降水量为 563.1 mm,枯水年(75%,以 2012 年为代表年)降水量为 412.5 mm。

在平水年及枯水年的 4 个预报方案中,分别设置现状开采量及削减 10%、20%、30% 地下水的开采量,预测 5 年后灌区地下水位动态变化,进而确定灌区合理的地下水开采量及井渠用水比例。

表 6-3　地下水开采方案

方案	降水量处理	地下水开采量处理	井渠用水比例
1	平水年	现状开采量	1/0.69
2	平水年	削减 10%	1/0.78
3	平水年	削减 20%	1/0.87
4	平水年	削减 30%	1/0.99
5	枯水年	现状开采量	1/0.69
6	枯水年	削减 10%	1/0.78
7	枯水年	削减 20%	1/0.87
8	枯水年	削减 30%	1/0.99

三、MODFLOW 模型模拟预测结果分析

（一）平水年模拟结果分析

从方案 2 的预测结果可以看出，平水年间，当地下水开采量削减 10% 时，地下水位大致保持在一个平衡位置进行振荡，没有明显的上升与下降趋势（见图 6-25），灌区的地下水处于一个动态平衡的状态，研究区地下水动态变化趋势较方案 1 预测结果发生了明显改变（见图 6-25），全灌区地下水位的下降幅度显著降低。而削减的开采量大于 10% 时，其地下水位呈上升趋势，削减的幅度越大，其水位上升的速度越快。所以，在平水年时，合理的井渠用水比例为 1/0.78，能使灌区的地下水保持动态平衡。

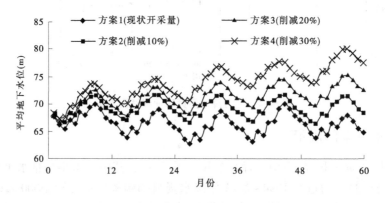

图 6-25　平水年地下水位预测

从图 6-26 可以看出，方案 1 模拟 5 年后，出现机井干枯的现象，说明在现状开采条件下，地下水系统是不可持续的，从图 6-25 可以看出，地下水埋深呈下降的趋势。

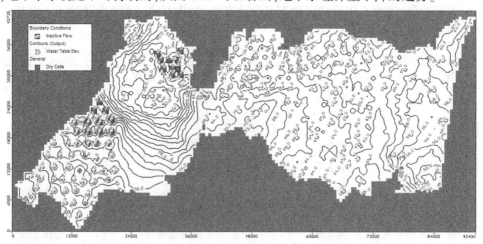

图 6-26　方案 1 模拟 5 年后水位等值线

（二）枯水年模拟结果分析

枯水年间，方案 5、方案 6、方案 7、方案 8 全灌区年平均地下水位变化分别是 -3.01 m、-0.79 m、0.23 m、1.38 m（见表 6-4），可见随着地下水开采量削减幅度的增大全灌区

的平均地下水位也在不断上升。从方案 7 的预测结果可看出,当地下水开采量削减 20%时,地下水年平均水位上升了 0.23 m,灌区的地下水处于一个动态平衡的状态(见图 6-27),但与方案 5 相比,地下水动态变化趋势发生了明显改变,全灌区地下水位的下降幅度显著降低,因此枯水年井渠用水比例采取 1/0.87 较为合理。

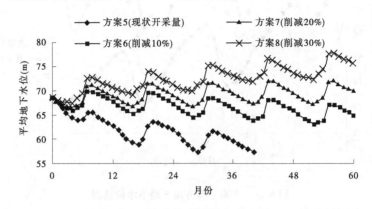

图 6-27　枯水年地下水位预测

(三)合理井渠用水比例的选取

在现状开采条件下,将方案 1 与方案 5 进行比较,方案 1 采用的是平水年降水量,方案 5 采用的是枯水年降水量,方案 1 和方案 5 的地下水位都呈逐年下降的趋势(见图 6-28),且两种开采方案都出现机井干枯的现象(见图 6-29 和图 6-30),方案 5 年平均水位下降了 3.01 m,明显高于平水年的 0.76 m。预测结果表明:现状开采条件下,研究区地下水处于负均衡状态,地下水位呈持续下降趋势;灌区都出现了机井干枯的现象,而且地下水漏斗现象明显,由于地下水位的下降速度过快,方案 5 的 MODFLOW 预测模型在模拟的第 1 215 天中止,灌区出现大范围的机井干枯的现象,说明在降水严重不足及地下水开采过量的情况下,灌区的生态环境会受到严重破坏。现状的井渠用水比 1/0.69 过大,需要降低井渠用水比,削减地下水开采量。

表 6-4　年平均地下水位变化值　　　　　　　　　　　　(单位:m)

方案	1	2	3	4	5	6	7	8
平均地下水位变化值	-0.76	-0.03	0.82	1.80	-3.01	-0.79	0.23	1.38

统计计算可知,平水年间,若采用方案 1、方案 2、方案 3、方案 4,全灌区年平均地下水位变化值分别是 -0.76 m、-0.03 m、0.82 m、1.80 m(见表 6-4),说明随着地下水开采量削减幅度的增大全灌区的平均地下水位也在不断上升,可见,削减灌区(尤其已经过量开采地区)的地下水开采量,对地下水位的恢复有着明显的作用。根据前面平水年间的灌区地下水位的变化分析,可以确定井渠用水比例采取 1/0.78,能使灌区地下水保持动态平衡。

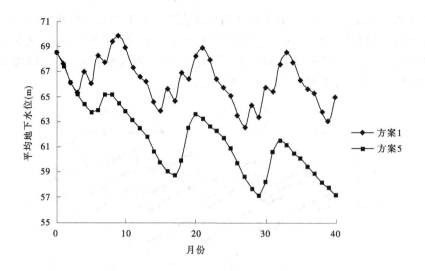

图 6-28　方案 1 与方案 5 地下水位预测

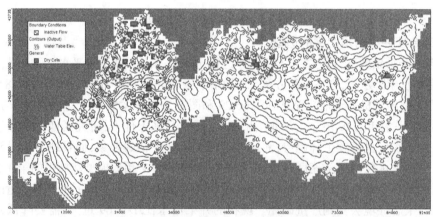

图 6-29　方案 5 模拟 1 215 d 后水位等值线

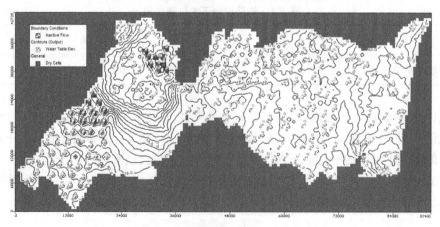

图 6-30　方案 1 模拟 5 年后水位等值线

(四)优化方案的水量平衡分析

根据水量平衡原理,采用方案 2 的优化方案建立井渠联合调度模型,分析井渠用水比例调整后地下水埋深的变化,模型表达式为:

$$H_{末} = H_{初} - \Delta H_P - \Delta H_{渠} + \Delta H_{井} + \Delta H_E \tag{6-12}$$

式中:$H_{末}$ 为时段末的地下水埋深,m;$H_{初}$ 为时段初的地下水埋深,m;ΔH_P 为时段内降水补给引起的地下水埋深上升幅度,m;$\Delta H_{渠}$ 为时段内渠灌引起的地下水埋深上升幅度,m;$\Delta H_{井}$ 为时段内井灌引起的地下水埋深下降幅度,m;ΔH_E 为时段内潜水蒸发引起的地下水埋深下降幅度,m。

由优化方案的渠井用水比例灌水可得人民胜利渠灌区地下水补给量为 3.10 亿 m^3,地下水总排泄量为 3.14 亿 m^3,基本达到补排平衡。

四、灌区合理机井数的确定

平水年间,方案 2 能使灌区的地下水保持采补平衡,相应的全灌区适宜的井渠用水比例为 1∶0.78,上游用水比例为 1∶1.24,中游为 1∶0.85,下游为 1∶0.41,据此用水比例,可以制订灌区机井合理调整方案。

(一)计算方法

依据《机井技术手册》(水利部农村水利司,1995),机井数量可以按照规划区内需提取地下水量进行计算。

$$N = Q/W \tag{6-13}$$
$$W = Q'tT \tag{6-14}$$

式中:N 是灌区需要机井数,眼;Q 是灌区每个月的规划地下水开采量,m^3;W 是每个月平均单井出水量,m^3;Q' 是单井出水量,m^3/h;t 是灌溉期间开机时间,h/d;T 是每次轮灌期的时间,d。

(二)机井参数

根据《河南省人民胜利渠灌区节水改造研究成果报告》,灌区不同开发利用类型区的参数见表 6-5。

表 6-5　灌区机井规划计算参数确定

分区	$Q'(m^3/h)$	$t(h/d)$	$T(d)$
上游 1 区	65	18	6
中游 2 区	40	18	6
中游 3 区	40	18	6
中游 4 区	40	18	6
中游 5 区	40	18	6
下游 6 区	35	18	6

(三)计算结果

根据式(6-13)、式(6-14),计算灌区每月各区所需灌溉井数,取各区 12 个月中所需机井数最大值作为灌区各分区规划井数,统计结果如表 6-6 所示。灌区规划井数与现有井数的比较结果统计如表 6-7 所示。

表 6-6　灌区各分区各月所需井数　　　　　　　　　　(单位:眼)

分区	1月	2月	3月	4月	5月	6月	7月	8月	9月	10月	11月	12月	最大值
上游 1 区	215	343	451	366	684	1 298	1 079	1 452	893	238	376	232	1 452
中游 2 区	446	595	895	543	1 176	231	1 485	984	572	481	481	442	1 485
中游 3 区	264	809	1 040	536	1 305	307	2 621	729	541	490	514	446	2 621
中游 4 区	718	827	1 320	849	1 649	798	2 311	1 213	767	813	882	674	2 311
中游 5 区	352	563	587	740	1 180	999	2 835	1 068	540	526	703	412	2 835
下游 6 区	468	695	1 792	721	2 228	807	3 611	1 452	684	421	665	456	3 611

表 6-7　灌区各分区规划井数　　　　　　　　　　(单位:眼)

分区	上游 1 区	中游 2 区	中游 3 区	中游 4 区	中游 5 区	下游 6 区	合计
规划井数	1 452	1 485	2 621	2 311	2 835	3 611	14 315
现有井数	824	2 657	6 363	3 122	2 293	5 002	20 261
需增加井数	628	—	—	—	542	—	1 170
需减少井数	—	1 172	3 742	811	—	1 391	7 116

由表 6-7 可知,灌区现状规划机井数量为 14 315 眼,其中上游 1 区现有机井 824 眼,以渠灌为主,地下水利用较少,地下水埋深过浅,使该区域产生土壤次生盐碱化现象,根据优化后的机井数,需新增加 628 眼机井。中游 2 区、3 区、4 区需要增加渠水灌溉量,减少地下水的开采,改变该区域地下水位不断下降的趋势。中游 2 区现有机井 2 657 眼,需要关闭 1 172 眼;中游 3 区属于严重超采区,现有机井 6 363 眼,地下水位下降趋势明显,并且已经形成了地下水漏斗,为改变地下水位快速下降的趋势,需要增加引黄水量,减少地下水的开采量,需削减 3 742 眼机井;中游 4 区现有机井 3 122 眼,需要关闭 811 眼。中游 5 区现有机井数量 2 293 眼,需增加机井数量 542 眼。下游 6 区的地下水开采量较大,地下水埋深较大,现有机井 5 002 眼,需要增加渠水灌溉量,并采取人工补源等措施,减少地下水的开采量,需削减 1 391 眼机井。

五、小结

(1)目前灌区地下水位呈不断下降趋势,而削减灌区地下水开采量对地下水位的恢复有着明显的作用。随着地下水开采量削减幅度的增大,全灌区平均地下水位也在不断上升。根据对灌区不同情景模式预测结果进行比较,平水年间削减 10% 的地下水开采量,可以使灌区地下水位保持动态平衡。

(2)全灌区井渠用水比例调整为 1∶0.78,上游调整为 1∶1.24,中游调整为 1∶0.85,下游调整为 1∶0.41,灌区规划机井数从原来的 20 261 眼调整为 14 315 眼,可以基本实现灌区地下水的采补平衡,显著改善灌区地下水位严重下降的趋势。

(3)建立的灌区适宜井渠用水比优化模拟模型将 MODFLOW 模型与 ArcGIS 进行嵌套,从区域层面模拟分析水资源调控效果,充分发挥了 GIS 的空间分析能力,既能扩大模型的功能,提高模型的精度,又能从整体上模拟地下水开发利用状况。

第五节　结论与建议

一、结论

本章以人民胜利渠灌区为研究区域,在用 ArcGIS 分析了灌区地下水利用现状的基础上,使用 MATLAB 建立优化模型,以灌区灌溉净效益最大为目标,建立灌区地表水和地下水联合调度及作物种植结构优化模型,并将优化模型与 MODFLOW 模型耦合,建立灌区地下水数值模拟模型。针对人民胜利渠灌区特点,设置 8 个情景方案进行数值模拟,预报了各方案运行 5 年后的水量和水位,进而提出灌区地下水资源合理开发方案。研究结果为灌区机井规划布局与水资源优化配置提供参考依据。主要结论如下:

(1)进行了灌区地下水动态时空变化趋势分析。对灌区地下水系统进行时间上的分析,从 1953 年至 2014 年,人民胜利渠灌区平均地下水埋深整体呈快速增加趋势,并且近 35 年来,地下水埋深增加的速度越来越快,2014 年灌区的地下水平均埋深更是达到了 10 m 以上,部分机井已经干涸,从 2007 年到 2014 年,灌区的地下水埋深增加了 3.93 m,平均每年以 0.49 m 的速度增加。对灌区地下水系统进行空间上的分析,可知除上游 1 区以外,中下游 2 至 6 区的地下水埋深一直呈增加趋势,其中下游 6 区的埋深变化最大,其线性倾向率为 0.358 m/a,其次是中游 3 区和 5 区,其线性倾向率分别为 0.223 m/a 和 0.206 m/a。中游 3 区已经形成严重的地下水漏斗。若持续过度开采地下水,地下水位将持续下降,并会出现大范围地下水降落漏斗。各行政区域的灌溉率有较大差别,其中延津县最高,达 69.05%,辉县市最低,达 25.44%。各行政区灌溉密度相差较大,机井密集程度不一致。其中延津县最高,机井数量远多于其他各行政区,灌溉密度指标最高,原阳县最低。目前机井布设较为集中,为保障地下水资源的可持续利用,确保机井的长期使用,各行政区应合理规划机井建设。

(2)进行了灌区地下水动态变化影响因子分析。降水量、引黄水量、井灌量都会影响灌区地下水系统的变化。灌区近 60 年来降水量整体呈下降趋势,其线性倾向率为 1.432 mm/a,地下水埋深与降水量呈负相关关系,地下水埋深随着降水量的增大而减小,其线性倾向率为 -0.001 m/mm。近 60 年来灌区多年平均降水量为 618.25 mm,灌区最大年降水量为 1 023.80 mm(1963 年),最小年降水量为 298.61 mm(1965 年),最大值和最小值之比为 3.43,年际差异较大。灌区降水量序列下降趋势显著,这与近年来气候变暖、降水量减少、蒸发量增加的大趋势同步,而降水量的减少也是灌区平均地下水埋深增大的原因之一。20 世纪 70 年代至 2000 年,引黄水量较大,最大值为 6.167 亿 m^3(1976 年),灌区多年平均(1974~1995 年)为 4.57 亿 m^3,2000 年以后,引黄水量明显减少,平均为 2.57 亿 m^3,减少了 43.8%;灌区多年平均(2008~2014 年)农田灌溉用水量为 5.43 亿 m^3。经分析知,近 30 年来,引黄水量呈显著下降趋势,而近年来的农业需水量变化不大,所以灌区部分地区地下水的开采量更大。引黄水量和地下水埋深呈负相关关系,随着引黄水量的减少,地下水埋深增大,其线性倾向率为 -0.000 04 m/m^3,地下水补给量也随之减少,进而导致灌区地下水位的下降。近年来,井灌量和年份呈正相关关系,地下水开采量越来越多。而井灌量和地下水埋深呈正相关关系,随着井灌量的增加,地下水埋深也增大,人民胜利渠灌区水资源短缺问题日益严峻。若不改变灌区地下水超采现状,灌区生态环境会进一步恶化。

(3)进行了灌区水资源和作物种植面积优化配置。本章以灌区灌溉净效益最大为目标,采用 MATLAB 对引黄水量和地下水资源的配置及作物的种植面积进行了优化,为分析优化结果的可靠性,分别采用了线性规划法和模式搜索法进行比较,两种方法优化结果基本一致。结果表明,采用优化模型对灌区地表水和地下水资源在灌区各子区域内进行优化,削减灌区中游及下游的机井数,优化灌区种植结构,使各区的地下水埋深模拟值在正常范围内,改变了灌区地下水漏斗现状和地下水位严重下降的趋势。

(4)建立井渠结合灌区地下水数值模拟模型。根据灌区多年实测资料,用 ArcGIS 进行统计计算,结合 MODFLOW 建立了井渠结合灌区地下水动态模拟模型,模拟计算水位与观测点原水位进行比较,各点均匀地分布在 1:1 相关线两侧的附近,所有计算出的水位与观测点的原水位进行比较,误差均在可接受范围之内,表明所确定的水文地质参数能够客观地反映灌区实际地质概念模型,采用 MODFLOW 模型可以模拟人民胜利渠灌区地下水空间变化。模拟结果表明,若采用优化用水和作物种植面积方案,可以抬升地下水位严重下降地区的水位,特别是地下水严重下降区中游 3 区和下游 6 区的地下水位,减小降落漏斗范围,改善灌区地下水漏斗情况。上游 1 区及中游 2 区、4 区、5 区尚有开发潜力,共可增加小麦及玉米的种植面积 43 710.9 hm^2,中游 3 区和下游 6 区需要压缩小麦及玉米的种植面积 1 047.40 hm^2。上游 1 区和中游 3 区共需压缩水稻种植面积 14 952.01 hm^2,可显著改善灌区地下水漏斗现状和地下水位严重下降的趋势。

(5)进行了 8 种情景方案下井渠结合灌区地下水变化模拟预报。伴随着全球气候的不断变化和社会经济的快速发展,加强对灌区在变化条件下的地下水模拟预报有利于灌区地下水资源的有效利用。在变化环境下,确定灌区合理的地下水开采量,保证灌区地下水系统的采补平衡,有利于灌区的生态环境和可持续发展。为此,本研究用地下水模拟模型对灌区的地下水进行多年的预测,设置不同降水水平年,设置不同地下水开采量,观察全灌区的平均地下水位变化情况。根据对灌区不同情景模式预测结果进行比较,平水年间削减 10% 的地下水开采量,可以使灌区地下水位保持动态平衡。全灌区井渠用水比例调整为 1:0.78,上游调整为 1:1.24,中游调整为 1:0.85,下游调整为 1:0.41,灌区规划机井数从原来的 20 261 眼调整为 14 315 眼,可以基本实现灌区地下水的采补平衡,显著改善灌区地下水位严重下降的趋势。

二、建议

关于灌区机井布局的研究已取得了不少成果,但由于过去很多地区盲目建设机井,地下水开采随意性大,许多机井规划方法停留在理论研究,没能应用于实际。同时随着研究的深入,常规方法的局限性也越来越明显,基于水资源可持续开发利用的灌区机井合理布局还有一些问题需要深入研究。今后,还需要从以下几方面做进一步的深入探讨:

(1)进一步加强对井渠结合灌区机井布局的研究。由于引黄水量、地下水开采量等资料长度不完全配套,灌区的水文地质情况较复杂,所建立的地下水模拟模型还存在一定误差,今后还需加强这方面的研究,以更准确地分析灌区地下水的变化状况。目前在灌区的机井规划中,大部分是对井灌区的机井布局理论和方法的研究,而对地下水和地表水联合运用的机井布局研究较少。今后应加强对井渠结合灌区机井布局的研究,做好机井的合理规划。

(2)加强其他优化算法在井渠结合灌区机井布局中的运用。本章采用线性规划法和模式搜索法对灌区的井渠用水和种植面积进行了优化,优化算法可用来解决许多复杂的不确定性问题,从而为机井优化布局方法提供理论基础。今后可以进一步采用其他优化算法如蚁群算法等,对灌区机井进行合理布局。

(3)重视 GIS 的空间数据分析和综合处理能力和地下水模拟软件在井流理论中的应用。本章将 GIS 的数据分析处理技术应用到机井空间布局规划中,以确定机井的布设位置并对机井进行信息化管理。现有研究多侧重于 GIS 管理系统的开发,但其强大的空间数据分析和综合处理能力,并没有得到充分利用,今后可以进一步加强 GIS 技术在机井布局中的应用。

(4)加强对地下水模拟模型参数的识别和校验。本章所建立的灌区适宜井渠灌水比优化模拟模型将 MODFLOW 模型与优化算法以及 ArcGIS 进行嵌套,能从整体上模拟地下水开发利用状况。但由于各个灌区的水文地质条件差异较大,具体应用时,还需要结合当地的水文地质条件对模型参数进行识别与校验。

第七章　引黄灌区水资源配置的环境效应初步评估

第一节　沿黄典型渠井结合灌区农业水平衡模型构建

一、土壤水库构成要素及认识

农业水平衡的基本原理详见图7-1。在农业水平衡中包括4个层位,即地表部分(地表水库)、根区、过渡区(非饱和含水层)和含水层。对于每一个层位,水平衡系统中各项均由水文相关的要素组成,系统中各要素表示为单季水量/单位面积,单位为单位水深/单位面积。

假定影响农业水量平衡的各要素在研究区域均匀分布,且地下水位保持在过渡区内。水量平衡基于确定边界的质量守恒原理,土壤水库水量平衡方程可定义为下式:

$$\text{Inflow} = \text{Outflow} + \Delta S \tag{7-1}$$

式中:ΔS 为土壤水库储水量的变化量,当土壤水库中储水量增加时,ΔS 为"+",当土壤水库中储水量减少时,ΔS 为"－"。

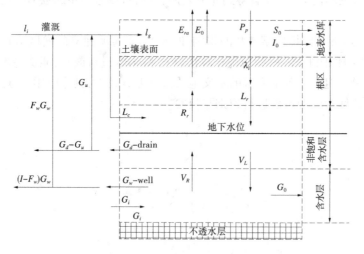

图7-1　水文循环土壤水库概念

二、水量平衡的计算

SAHYSMOD 模型可以设置不超过4种作物轮作,每种作物生长周期以"月"计,总生长周期之和为12个月;土地利用随季节改变,水资源的分配依赖于土壤利用方式。为了适应轮作土地利用方式,SAHYSMOD 构建了3种不同轮作模式,如图7-2所示。

A 为 A 组作物种植条件下灌溉面积；

B 为 B 组作物种植条件下灌溉面积；

U 为非灌溉面积。

$$P_p + I_g = E_0 + \lambda_i + I_0 + S_0 + \Delta W_s \lambda_i = G_0 + G_w + G_d + G_i$$

$$\lambda_i + R_r = E_{ra} + L_r + \Delta W_f + \Delta W_r$$

$$\Delta Z_{r4} = P_p C_p + (I_g - I_0) C_i - S_0(0.2C_{r4i} + C_i) + R_{rT}C_{xki} - L_{rT}C_{IA}$$

$$L_r + L_c = E_{ra} + L_r + \Delta W_f + \Delta W_r$$

$$L_{rT}C_{IA} + L_c C_{ic} + V_R C_{qi} + \zeta_{IA} = R_{rT}C_x + F_{lx}C_x(VL + G_{t0}) + \Delta Z_x$$

$$G_i + V_L = G_0 + G_w + V_R + \Delta W_q$$

$$\Delta Z_q = \zeta_{qi} + V_L C_{xx} - (G_{q0} + V_R + G_w)C_{0v}$$

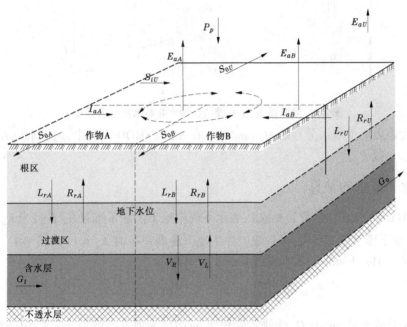

图 7-2 三种涉及不同水文要素轮作土地 A、B 和 U

A 组作物、B 组作物可以设置为灌溉量不同作物；作物也可以设置为长季生长作物，如果园；非灌溉区可设置为雨养作物、永久或暂时休闲耕地。

每一种土地利用类型，可以用土地面积分数代替，分别为 A、B 和 U，分数总和为 1，即：

$$A + B + U = 1 \tag{7-2}$$

总灌溉量（单位为 m^3/m^2）I_f 可表示为：

$$I_f = I_{aA}A + I_{aB}B \tag{7-3}$$

图 7-3 中，I_{aA} 和 I_{aB} 分别为 A 区、B 区对应灌溉水量。

三、毛管上升水和实际腾发量的计算

毛管上升水的量取决于地下水位 D_w（m）、潜在腾发量 E_a（m/d）、地表水资源量 V_s

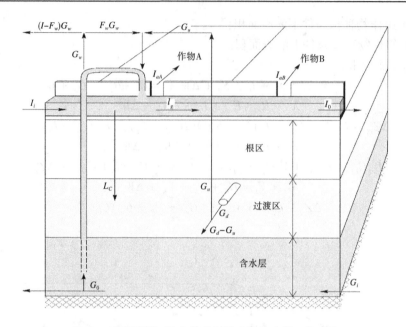

图 7-3　灌溉渠道、排水管道和抽水井等水量平衡要素

(m/d)和代表表层土壤水分亏缺 M_d(m/d)。在 SAHYSMOD 模型中,地下水位 D_w 决定了毛管上升水系数 F_c。

四、地下排水的估算

在 SAHYSMOD 中,K_d 值为 0 或 1,表示系统中地下渗灌系统存在与否;当 K_d =0 时无地下渗灌,地下排水量 G_d =0;当系统中存在地下渗灌系统时 K_d =1(见图 7-4)。地下排水量计算基于 Hooghoudt 排水方程(Ritzema 1994):

$$G_t = \frac{8K_b D_e (D_d - D_w)}{Y_s^2} + \frac{4K_a (D_d - D_w)^2}{Y_s^2} \tag{7-4}$$

式中:G_t 为总排水量,m/d;D_d 为排水管埋深,m;D_w 为地下水埋深,m;K_b 为排水管处水力传导度,m/d;D_e 为隔水底板的等效深度,m;K_b 为排水管以上水力传导度,m/d;Y_s 为排水管间距,m。

五、灌溉水利用率和灌溉水利用效率计算

田间灌溉水利用率 F_f 定义为灌溉水腾发量与灌溉水量比值。对于作物 A 种植区,田间灌溉水利用率可定义为:

$$F_{fA} = (E_{aA} - R_{rA}) / (I_{aA} + P_p) \tag{7-5a}$$

对于作物 B 种植区,田间灌溉水利用率可定义为:

$$F_{fB} = (E_{aB} - R_{rB}) / (I_{aB} + P_p) \tag{7-5b}$$

总灌溉水利用率可定义为:

$$F_{ft} = [A(E_{aA} - R_{rA}) + B(E_{aB} - R_{rB})] / (I_t + P_p) \tag{7-6}$$

式中:$I_t = I_f + L_c$。

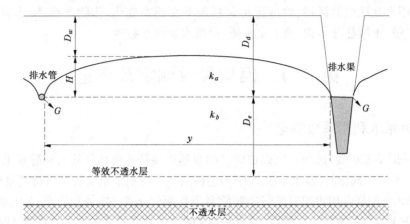

图 7-4　地下排水估算方法

田间灌溉水利用效率定义为实际腾发量与潜在腾发量比值。对于作物 A 种植区,田间灌溉水利用效率可定义为:

$$J_{fA} = E_{aA}/E_{pA} \tag{7-7a}$$

对于作物 B 种植区,田间灌溉水利用效率可定义为:

$$J_{fB} = E_{aB}/E_{pB} \tag{7-7b}$$

总灌溉水利用效率可定义为:

$$J_{et} = (J_{sA} + J_{sB})/(A + B) \tag{7-8}$$

六、地下水运动

在 SAHYSMOD 模型中采用有限差分法计算地下水运动。该法需要将计算区域划分为若干多边形单元,对应多边形单元中节点参数代表整个单元,选取统一时间步长,在 SAHYSMOD 模型中该步长为 1 d。

七、盐分收支平衡计算

多边形 b 中通过过渡带 ξ_{ti} 和含水层 ξ_{tq} 的盐分流入量可由下式计算:

$$\xi_{xi} = \sum_{j=1}^{l_b} \chi_{bj} F_{lxj} C_{qj} \tag{7-9a}$$

$$\xi_{tq} = \sum_{j=1}^{l_b} G_{bj} F_{lqj} C_{xj} \tag{7-9b}$$

式中:F_{lxj} 为多边形 j(部分)所在过渡带淋洗效率;C_{xj} 为多边形 j 所在过渡带中盐分浓度,dS/m;F_{lqj} 为多边形 j(部分)所在含水层淋洗效率;C_{qj} 为多边形 j 所在含水层中盐分浓度,dS/m。

当不存在地下排水系统时,$C_{xj} = C_{xi}$;当存在地下排水系统时,$C_{xj} = C_{xbi}$。

八、模型参数的设定

通过灌区调研,选定西三干一支(干渠上段)、二支(干渠中段)和三支(干渠下段)为不同渠井用水配比监测区域,监测指标包括地下水动态变化、作物产量、降水量、渠灌水量、井灌水量、土壤盐分累积、地下水水质、渠系水利用系数等。

第二节　模型参数测定及率定

一、渠系水利用系数测定

(1)根据渠道深度,选择适宜渠道深度的快速连接杆并将该杆安装到静水水箱上。

(2)打开通气阀,通过静水水箱上的快速连接杆,将静水水箱垂直插入待测量渠道的渠底,直至静水水箱底部周边与渠底完全密实、渗漏监测管充入一定体积的水,关闭通气阀,记录下起始时刻渗漏监测管水尺读数,终止时刻记录下渗漏监测管水尺读数及测试时间。

(3)选取同一渠道3~5个渠段断面,重复步骤(2)。

(4)对应渠道入渗系数采用式(7-10)计算:

$$i(t)_{渠道} = \sum_{i=1}^{n}\left[\left(\frac{V_{i0} - V'_i}{\pi r^2}\right)/t_i\right]/n \tag{7-10}$$

式中:$i(t)_{渠道}$为渠道入渗系数,cm/min;V_{i0}为起始时刻渗漏监测管中水的体积,mL;V'_i为终止时刻渗漏监测管中水的体积,mL;r为静水水箱的半径,cm;t_i为对应的测试时间,min;n为同一渠段测试次数。

(5)对应渠道渗漏量采用下式计算:

$$I = \int_0^t i(t)\,dt \tag{7-11}$$

式中:I为单位时间单位渠道长度渗漏水量,m³/(min·m);$i(t)$为渠道入渗系数,cm/min;t为渠道过流时间。

(6)试验装置检验。

该试验于2013年3~5月在人民胜利渠灌区东二干一支、二支、三支所属典型斗渠、农渠中进行。试验采用该试验装置、静水测定法、动水测定法进行渠道入渗曲线测定。

采用DPS统计分析软件(DPS Version 7.55)对数据进行分析。表7-1为采用速测仪、静水测定法及首尾测算分析法测定的渠道水利用系数,对测定结果统计分析表明,速测仪可以快速准确反映各级渠道水利用系数。

表 7-1　不同测定方法测定渠道水利用系数比对分析

测段名称	渠道水利用系数			标准误差		
	速测仪	静水测定法	首尾测算分析法	速测仪	静水测定法	首尾测算分析法
测段 1	0.794 9 a	0.622 8 b	0.772 6 a	0.003 6	0.035 8	0.006 2
测段 2	0.794 7 a	0.622 6 b	0.772 4 a	0.003 5	0.035 5	0.006 5
测段 3	0.780 1 a	0.611 1 b	0.758 2 a	0.001 0	0.034 5	0.005 3
测段 4	0.781 6 a	0.612 3 b	0.759 8 a	0.001 2	0.034 6	0.005 4

注:同行不同小写字母表示差异显著($P<0.05$),下同。

二、模型有关参数初步设定

通过已有的资料,对夏灌前和生育期结束时 0~60 cm 内土壤含盐量进行模拟,表 7-2 为模型有关参数。

表 7-2 模型参数

冬小麦灌水量	夏玉米灌水量	降水量	土壤密度	渠水矿化度	地下水矿化度	过渡带矿化度	地下水位	孔隙度
300	200	0.560	1.42	0.8	1.4	1.2	7.0	0.4

注:灌水量(m^3),降水量(m^3/m^2),土壤密度(g/cm^3),矿化度(dS/m),地下水位(m)。

第三节 模型评价与结果分析

一、典型区渠井用水比特点及其对降水量的响应分析

典型渠井结合灌区渠井用水组成要素分析详见图 7-5。研究区 2008~2015 年降水量分别为 450.48 万 m^3、399.76 万 m^3、486.64 万 m^3、462.64 万 m^3、329.76 万 m^3、389.04 万 m^3、443.20 万 m^3、451.20 万 m^3;2008~2015 年,一支渠渠井用水比约为 1.36:1,二支渠渠井用水比约为 3.36:1,三支渠渠井用水比约为 1.66:1。渠井用水比与年降水量相关性分析表明,渠井用水比与年降水量呈线性正相关(见图 7-6),降水量越大,地表来水量越大,地下水开采量越小,渠井用水比例越大;反之,降水量越小,地表来水量越少,地下水开采量越大,渠井用水比例越小。

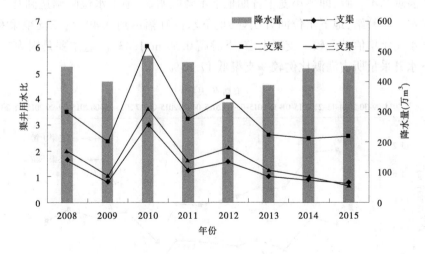

图 7-5 典型渠井结合灌区渠井用水组成要素分析

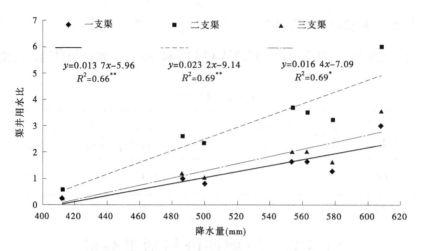

图 7-6　渠井结合灌区渠井用水比与降水量相关关系

二、不同渠井用水比典型区域地下水动态变化特征

(一)不同渠井用水比典型区地下水埋深的动态变化特征

不同渠井用水比典型区地下水埋深随时间动态变化详见图 7-7、图 7-8。一支渠渠系(见图 7-7)上游、下游地下水埋深年均值分别为 11.27 m、11.91 m,变异系数分别为 0.037 8、0.035 9,二支渠渠系(见图 7-8)上游、下游地下水埋深年均值分别为 10.68 m、10.48 m,变异系数分别为 0.035 2、0.032 2,一支渠、二支渠渠系上游地下水埋深变异系数分别较下游高 5.39%、9.08%,表明渠系上游地下水位变化更为剧烈,这主要是因为渠系上游过水时间较长,渠系上游地下水补给条件较渠系下游便利。渠系上游、下游地下水年内动态变化特征表现基本一致,即冬小麦生育期地下水降幅明显,地下水位降幅达到 0.92 m,随着汛期降水入渗补给,地下水位回升明显,地下水位升幅达到 0.49 m;二支渠渠系上游、下游地下水位年均值分别较一支渠上游、下游高 0.59 m、1.43 m,这主要是因为二支渠区域内地下水开采量所占灌溉比例较一支渠低 17.65%。

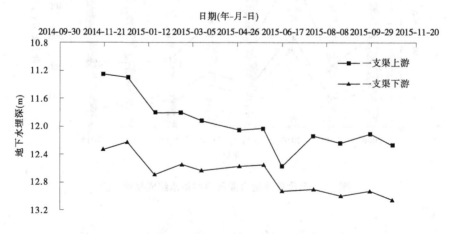

图 7-7　典型渠井结合灌区地下水埋深动态变化(一支渠)

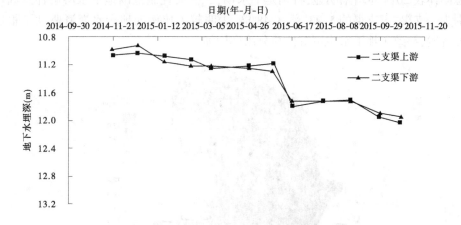

图7-8 典型渠井结合灌区地下水埋深动态变化(二支渠)

(二)不同渠井用水比对地下水埋深动态变化的影响

以2013年12月20日、2014年12月20日和2015年12月20日为例,渠井结合灌区典型区域不同时期地下水埋深空间分布特征详见图7-9~图7-11。区域地下水埋深动态特征表明,渠系上游地下水埋深相对较浅,地下水位较高,地下水流向为垂直等潜埋深线、由渠系上游向下游运动;2013年冬小麦越冬期一支渠、二支渠、三支渠控制范围内地下水埋深小于11 m的面积分别占到控制范围的40.21%、100%、99.03%,2014年同期一支渠、二支渠、三支渠控制范围内地下水埋深小于11 m的面积分别占到控制范围的8.43%、74.93%、58.22%,地下水埋深超过11 m的区域增加明显,考虑2013年、2014年典型区渠灌水量基本持平、2014年年降水量较2013年增加13.92%的条件,2014年冬小麦越冬期一支渠、二支渠、三支渠控制范围内地下水埋深大于11 m的面积分别较2013年同期分别增加了31.78%、25.07%、40.81%,在用水水平、用水方式一致的条件下,渠井用水比例越小,地下水埋深超过11 m的范围越大。

(三)不同渠井用水比对地下水化学特征的影响

典型渠井结合灌区枯水期、平水期、丰水期地下水化学特征变化详见图7-12~图7-14。由Piper三线图及水文化学相的分类可知,2013~2015年不同渠井用水比典型区域地下水化学特征变化趋势基本一致,即枯水期(12月至次年2月)地下水阳离子化学类型为钙钠型,平水期(3~5月、10~11月)地下水阳离子化学类型为钠钙型,丰水期(6~9月)地下水阳离子化学类型为钙钠型。典型区域地下水化学特征变化表明,地下水中阳离子由枯水期钙钠型转化为平水期的钠钙型,平水期地下水水文化学相具有强烈的碱化趋势,这主要是平水期潜水蒸发和地下水开采共同作用导致潜水被浓缩。对比相同支渠控制范围同时期不同年份地下水水文化学相(见表7-3),2015年枯水期一支渠、二支渠、三支渠控制范围地下水溶解性总固体分别较2014年同期增加了30.28%、21.83%、33.95%;2015年平水期一支渠、二支渠、三支渠控制范围地下水溶解性总固体分别较2014年同期增加了13.35%、27.88%、5.17%;2015年丰水期一支渠、二支渠、三支渠控制范围地下水溶解性总固体分别较2014年同期增加了0.81%、18.29%、16.43%,表明2015年区域地下水溶解性总固体较 2014 年增幅明显,特别是平水期,二支渠控制范围地下水溶解性总固体增幅分别为一支渠、三支渠的 1. 23 倍、3. 48 倍,表明较大比例的地表水灌溉驱动了根层土壤盐分洗脱,导致了地下水中可溶性盐分浓度增加。

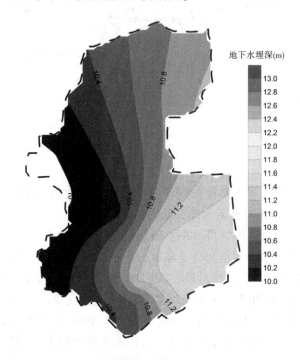

图 7-9　典型渠井结合灌区地下水埋深空间分布特征(2013 年 12 月 20 日)

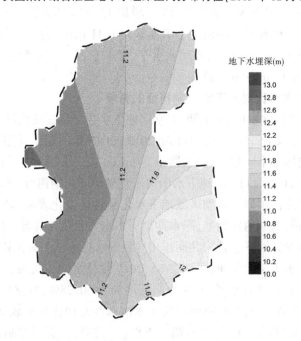

图 7-10　典型渠井结合灌区地下水埋深空间分布特征(2014 年 12 月 20 日)

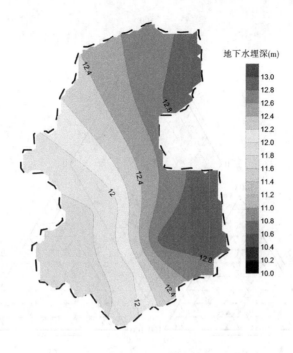

图 7-11　典型渠井结合灌区地下水埋深空间分布特征(2015 年 12 月 20 日)

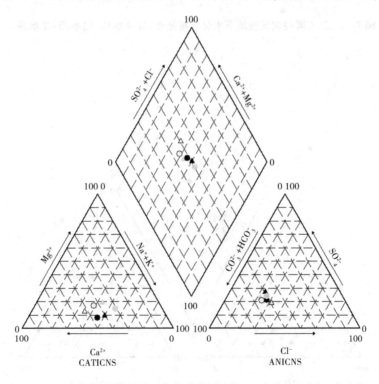

图 7-12　一支渠控制范围地下水化学特征变化(平水期-枯水期-丰水期)

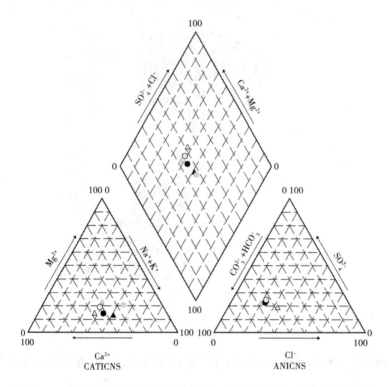

图 7-13　二支渠控制范围地下水化学特征变化 (平水期–枯水期–丰水期)

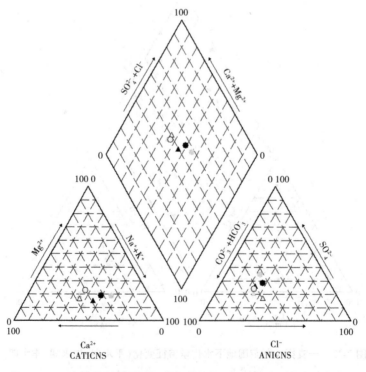

图 7-14　三支渠控制范围地下水化学特征 (平水期–枯水期–丰水期)

表 7-3　不同支渠控制范围年内地下水化学特征动态

年份	灌溉范围	时期	Ca²⁺ (mg/L)	Mg²⁺ (mg/L)	Na⁺ (mg/L)	K⁺ (mg/L)	CO₃²⁻ (mg/L)	HCO₃⁻ (mg/L)	Cl⁻ (mg/L)	SO₄²⁻ (mg/L)	溶解性总固体 TDS (mg/L)	钠吸附比 SAR
2014	一支渠	枯水期	112.88	11.67	129.25	0.00	0.00	403.72	126.37	131.80	895.63	16.38
		平水期	83.56	23.38	167.18	0.00	0.00	412.91	126.38	156.55	947.41	22.86
		丰水期	187.18	43.96	194.63	0.00	0.00	485.28	126.38	145.93	868.49	18.10
	二支渠	枯水期	140.40	28.70	167.70	0.00	0.00	555.78	136.18	178.53	1 113.43	18.24
		平水期	82.93	39.98	201.12	0.00	0.00	511.53	126.33	186.85	1 009.83	25.66
		丰水期	212.19	58.14	230.06	0.00	0.00	576.53	142.73	205.05	838.24	19.79
	三支渠	枯水期	91.20	32.30	162.00	0.00	0.00	373.30	135.10	188.10	981.20	20.62
		平水期	101.87	45.17	259.13	0.00	0.00	519.83	165.57	330.20	1 214.30	30.22
		丰水期	222.68	75.13	233.50	0.00	0.00	647.05	174.33	234.73	814.67	19.14
2015	一支渠	枯水期	130.86	18.71	149.25	0.00	0.00	488.97	133.55	209.33	1 166.82	21.44
		平水期	111.35	34.58	185.41	0.00	0.00	496.35	119.46	162.86	1 073.85	17.47
		丰水期	234.12	33.74	182.68	0.00	0.00	371.11	140.07	112.28	875.51	15.79
	二支渠	枯水期	135.42	28.47	157.24	0.00	0.00	609.87	151.12	211.70	1 356.47	24.29
		平水期	138.31	49.90	219.89	0.00	0.00	630.44	128.03	187.46	1 291.38	16.21
		丰水期	233.45	41.55	208.41	0.00	0.00	416.89	166.13	123.40	991.53	17.77
	三支渠	枯水期	144.00	32.52	143.09	0.00	0.00	564.11	156.13	223.53	1 314.34	20.66
		平水期	166.28	39.88	194.06	0.00	0.00	642.88	177.58	187.43	1 277.11	14.09
		丰水期	239.48	48.45	207.63	0.00	0.00	456.63	178.60	117.13	948.48	17.30

第四节　渠井结合灌区农田水循环与生态效应

一、不同渠井用水比典型区土壤盐分随时间动态变化特征

人民胜利渠灌区典型区域不同支渠控制范围冬小麦苗期根层土壤盐分垂向分布详见图 7-15。2013~2015 年冬小麦苗期,20~40 cm 土层土壤含盐量最低,0~10 cm 表层土壤均出现不同程度集盐,盐分运动处于上升状态,属于表聚型盐分剖面,表层土壤含盐量介于 0.283 9~0.412 9 mS/cm。2014 年一支渠苗期不同土层土壤盐分均低于 2013 年同期,降幅介于 9.04%~26.18%;2014 年二支渠苗期 0~10 cm、10~20 cm、20~30 cm、30~40 cm、40~60 cm、60~80 cm、80~100 cm 土层土壤盐分均低于 2013 年同期,降幅介于 9.78%~33.28%;2014 年三支渠苗期 0~10 cm、10~20 cm、20~30 cm、30~40 cm、40~60 cm、60~80 cm、80~100 cm 土层土壤盐分均低于 2013 年同期,降幅介于 4.56%~36.35%。2015 年一支渠苗期 0~10 cm、10~20 cm、30~40 cm、80~100 cm 土层土壤盐分低于 2013 年同期,降幅介于 1.05%~31.26%;2015 年二支渠苗期 0~10 cm、10~20 cm、80~100 cm 土层土壤盐分低于 2013 年同期,降幅介于 8.34%~27.18%;2015 年三支渠苗期 0~10 cm、10~20 cm、80~100 cm 土层土壤盐分低于 2013 年同期,降幅介于 9.72%~18.06%。从土壤盐分垂向分布特征来看,2013~2015 年冬小麦苗期根层土壤盐分垂向分布规律基本一致,即根层土壤盐分随土层深度增加呈先降低后升高趋势,20~30 cm 土层土壤含盐量最低。

二、不同渠井用水比典型区土壤盐分空间动态变化特征

典型区域 2013~2015 年冬小麦苗期 0~20 cm 根层土壤盐分空间分布详见图 7-16~图 7-18。2015 年 0~20 cm 根层土壤盐分均值分别为 0.345 6 mS/cm、0.282 0 mS/cm、0.299 1 mS/cm,0~20 cm 根层土壤盐分均值标准偏差分别为 0.071、0.058、0.029。2013 年冬小麦苗期一支渠、二支渠、三支渠控制范围内 0~20 cm 根层土壤盐分均值大于 0.32 mS/cm(折合土壤含盐量 1.50 g/kg)面积分别占到控制范围的 60.38%、59.61%、84.40%;2014 年同期一支渠、二支渠、三支渠控制范围内 0~20 cm 根层土壤盐分均值大于 0.32 mS/cm 面积分别占到控制范围的 25.99%、0.94%、41.87%,2014 年同期一支渠、二支渠、三支渠控制范围内 0~20 cm 根层土壤盐分均值大于 0.32 mS/cm 面积分别较 2013 年减少了 56.95%、98.42%、50.39%;2015 年同期一支渠、二支渠、三支渠控制范围内 0~20 cm 根层土壤盐分均值大于 0.32 mS/cm 面积分别占到控制范围的 41.16%、8.81%、52.49%,2015 年同期一支渠、二支渠、三支渠控制范围内 0~20 cm 根层土壤盐分均值大于 0.32 mS/cm 面积分别较 2013 年减少了 31.83%、85.22%、37.81%。

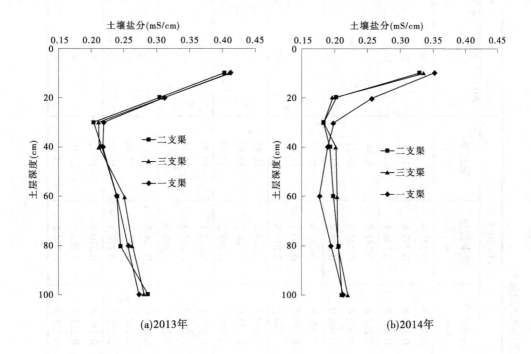

(a)2013年　　　　　　(b)2014年

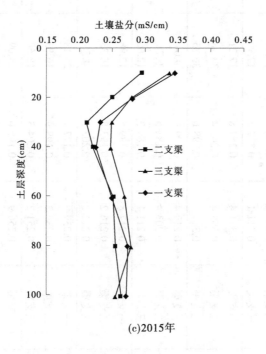

(c)2015年

图 7-15　典型渠井结合灌区土壤盐分动态变化(2013~2015 年)

表 7-4　不同土层盐分含量变化与脱盐率

土层 (cm)	控制范围	2013~2014 年			2014~2015 年			2013~2015 年脱盐率 (%)
		初始盐分 (mS/cm)	结束盐分 (mS/cm)	脱盐率 (%)	初始盐分 (mS/cm)	结束盐分 (mS/cm)	脱盐率 (%)	
0~10	一支渠	0.412 9	0.353 5	14.40	0.353 5	0.345 9	2.15	16.24
	二支渠	0.403 4	0.330 8	17.99	0.330 8	0.293 8	11.20	27.18
	三支渠	0.411 1	0.337 5	17.90	0.337 5	0.336 8	0.20	18.06
10~20	一支渠	0.311 4	0.257 8	17.21	0.257 8	0.281 9	-9.34	9.48
	二支渠	0.303 4	0.202 4	33.28	0.202 4	0.249 4	-23.21	17.80
	三支渠	0.311 1	0.198 0	36.35	0.198 0	0.279 4	-41.13	10.18
20~30	一支渠	0.219 4	0.199 6	9.04	0.199 6	0.231 6	-16.04	-5.55
	二支渠	0.203 4	0.183 5	9.78	0.183 5	0.210 7	-14.81	-3.59
	三支渠	0.211 1	0.184 3	12.66	0.184 3	0.248 5	-34.82	-17.75
30~40	一支渠	0.217 8	0.189 5	12.98	0.189 5	0.224 5	-18.46	-3.09
	二支渠	0.216 2	0.193 8	10.33	0.193 8	0.220 6	-13.80	-2.05
	三支渠	0.212 2	0.202 5	4.56	0.202 5	0.247 2	-22.09	-16.53
40~60	一支渠	0.239 9	0.177 1	26.18	0.177 1	0.248 4	-40.30	-3.58
	二支渠	0.239 2	0.198 9	16.83	0.198 9	0.251 3	-26.33	-5.07
	三支渠	0.251 2	0.204 3	18.68	0.204 3	0.268 2	-31.27	-6.74
60~80	一支渠	0.256 9	0.195 0	24.09	0.195 0	0.274 6	-40.83	-6.90
	二支渠	0.245 2	0.207 0	15.57	0.207 0	0.254 2	-22.80	-3.67
	三支渠	0.263 3	0.205 5	21.95	0.205 5	0.278 4	-35.49	-5.76
80~100	一支渠	0.273 7	0.214 4	21.67	0.214 4	0.270 9	-26.32	1.05
	二支渠	0.286 8	0.211 7	26.20	0.211 7	0.262 9	-24.19	8.34
	三支渠	0.281 9	0.221 3	21.49	0.221 3	0.254 5	-14.99	9.72

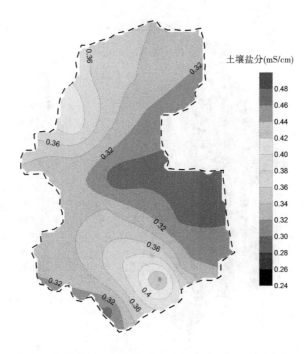

图 7-16 典型渠井结合灌区 0~20 cm 土层区域土壤盐分空间分布(2013 年)

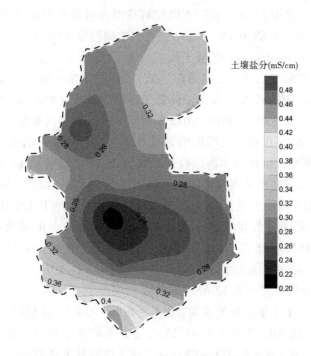

图 7-17 典型渠井结合灌区 0~20 cm 土层区域土壤盐分空间分布(2014 年)

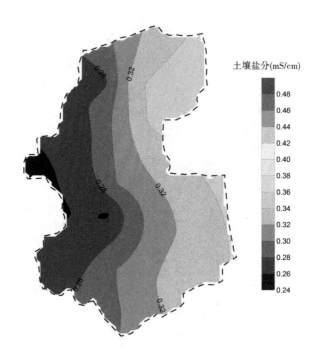

图 7-18 典型渠井结合灌区 0~20 cm 土层区域土壤盐分空间分布(2015 年)

2013~2015 年一支渠、二支渠和三支渠控制范围内引黄水和地下水灌溉量用水比例介于 0.72~1.03、2.50~2.63、0.65~1.26 之间,二支渠控制范围内引黄灌溉的比例最高。2013~2015 年二支渠 0~100 cm 根层土壤盐分累积量低于一支渠、三支渠,降幅介于 1.63%~8.90%,一支渠、二支渠、三支渠 0~100 cm 根层土壤盐分标准偏差分别为 0.055 7、0.052 4、0.055 2,表明较多的引黄灌溉降低了根层土壤盐分累积,驱动了根层土壤盐分垂向均匀分布。值得注意的是,2013~2015 年 0~100 cm 典型区根层土壤盐分标准偏差分别为 0.063 6、0.051 0、0.029 0,说明引黄灌溉对根层土壤盐分的调控效果逐渐减弱。此外,2015 年引黄灌溉区域地下水溶解性总固体较 2014 年增加了 18.66%,较大比例的引黄灌溉区域地下水溶解性总固体增幅明显高于较小比例的引黄灌溉区域。以上结果表明,灌溉和降水驱动了根层土壤盐分洗脱,导致了土壤盐分向地下水中迁移和累积。

沿黄井渠结合灌区引黄灌溉和降水是调控根层土壤盐分的重要措施之一。对比 2013 年同期,2014 年和 2015 年 0~20 cm 根层土壤盐分均值大于 0.32 mS/cm 面积减少明显,这主要是由于降水淋洗和灌溉调控作用,特别是 2013~2015 年二支渠控制范围 0~20 cm 根层土壤盐分均值大于 0.32 mS/cm 的面积均小于一支渠、三支渠,这也说明较大比例的引黄灌溉抑制了土壤盐分的表聚;2014 年典型区 0~20 cm 根层土壤盐分均值大于 0.32 mS/cm 的面积较 2013 年减少了 65.26%,这主要是因为 2014 年汛期降水量较 2013 年增加了 30.81%。从 3 年的区域 0~100 cm 土层土壤脱盐率来看,一支渠、二支渠、三支渠控制范围内 0~100 cm 土壤脱盐率分别为 1.14%、5.90% 和 0.88%,特别是二支渠控制范围 0~20 cm 土壤脱盐率达到 22.49%,表明较大比例的引黄灌溉驱动了土壤盐分垂向运动,证实较大比例的引黄灌溉有效消除了土壤盐分障碍因子的形成。

对比 2014 年同期,2015 年平水期典型区域地下水溶解性总固体达到 1 038.73 mg/L,较 2014 年增加了 14.81%;2015 年枯水期典型区域地下水溶解性总固体达到 1 213.13 mg/L,较 2014 年增加了 22.67%;2015 年丰水期典型区域地下水溶解性总固体达到 1 179.98 mg/L,较 2014 年增加了 18.52%。本研究中 2014 年典型区平水期地下水钠吸附比(sodium adsorption ratio,SAR)均超过 18,SAR18 作为碱化危害程度中等和高的分界值,表明 2014 年典型区地下水不适宜作为灌溉水源,通过地表水地下水联合利用、降水补充地下水等,2015 年平水期地下水 SAR 均低于 18,对比 2014 年同期,一支渠、二支渠和三支渠控制范围地下水 SAR 分别降低了 23.58%、36.82% 和 53.37%,表明地表水地下水联合利用改善了地下水灌溉水质。

研究结果表明,典型渠井结合灌区较大用水比例抑制了土壤盐分的表聚,特别是表层土壤含盐量大于 0.32 mS/cm(1.50 g/kg)的面积增加最少;对比 2013 年同期,2014 年、2015 年不同用水比例下 0~20 cm 土层土壤脱盐率增加明显,特别是 0~20 cm 土层土壤脱盐率与用水比例成正比,从 3 年的区域 0~100 cm 土层土壤脱盐率来看,较大比例的地表水灌溉促进了耕层土壤的脱盐;2013~2015 年典型区域地下水化学特征总体表现为,地下水中阳离子由枯水期钙钠型转化为平水期的钠钙型,平水期地下水水文化学相具有强烈的碱化趋势,2015 年平水期、丰水期地下水钠吸附比较 2014 年同期降幅明显,表明地表水地下水联合利用短期内改善了灌区地下水水质。因此,华北井渠结合灌区可以通过加大渠灌用水比例,降低根层土壤盐分表聚,同时改善平水期地下水水质,从而保障井渠结合灌区农业安全,改善灌区生态环境。

第五节　渠井结合灌区水循环要素与农业用水相关评价

一、降水及灌溉特征

2013~2015 年典型区域降水及灌溉特征详见图 7-19。区域多年平均降水量为 574.0 mm,2013~2015 年全年降水量分别为 466.9 mm、558.5 mm、569.6 mm,其中主汛期(7~9 月)降水量分别占全年降水量的 67.08%、73.36%、51.47%。降水量按季节划分,2015 年典型区春季降水量 135.0 mm,较多年均值增加了 20.11%;夏季降水量 306.2 mm,较多年均值减少了 10.57%;秋季降水量 111.0 mm,较多年均值增加了 10.89%;冬季降水量 17.4 mm,较多年均值减少了 8.90%。灌溉特征表现为:2013 年灌水 2 次,灌溉时间为冬小麦返青期和冬小麦苗期,灌水量分别为 22.2 mm、58.2 mm;2014 年灌水 2 次,灌溉时间为冬小麦返青期和夏玉米苗期,灌水量分别为 47.6 mm、59.8 mm;2015 年灌水 3 次,灌溉时间为冬小麦返青期、夏玉米苗期和冬小麦苗期,灌水量分别为 28.3 mm、68.2 mm、20.3 mm。

二、长期用水管理对区域地下水位影响的动态变化特征

项目区 1954~2013 年地下水埋深动态变化详见图 7-20。灌区地下水动态大致经历了 4 个时期:持续回升期(20 世纪 50 年代初至 60 年代初),灌区开灌初期,由于"大引、大

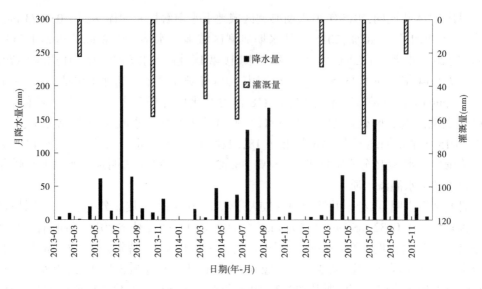

图 7-19　2013~2015 年月降水量与灌溉量分布特征

蓄、大灌"的指导思想,加之灌区以农为主,工业不十分发达,灌区地下水位持续上升,导致大面积耕地"次生盐碱",地下水埋深最小仅为 1.31 m(1960 年);相对稳定期(20 世纪 60 年代初至 70 年代中期),该时期由于渠井结合科学实践,灌区有意识地控制地下水位,进行地表水地下水联合利用,加之灌区作物种植结构与种植模式的调整,地下水埋深稳定在 2~3 m;持续下降期(20 世纪 70 年代中期至 1996 年),该时期由于井灌管理无序,灌区降水减少,加之农业用水紧缺,被动地抽取地下水资源进行农业灌溉,灌区地下水位持续下降,截至 1996 年灌区地下水埋深达到 6.5 m;小幅回升期(1996 年至今),由于灌溉水利用率逐步提升,灌区科学管理水平提高,加之土地流转等,灌区地下水位呈现小幅回升态势,近 5 年以 0.286 m/a 的速度回升。

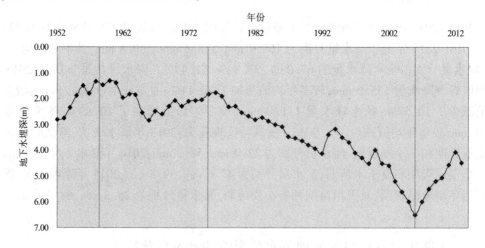

图 7-20　项目区地下水埋深年际动态变化

三、渠井结合灌区典型分区地下水位动态变化特征

渠井结合灌区典型分区 2010~2016 年地下水埋深动态变化特征详见图 7-21。2011~2015 年退化区地下水埋深均值分别为 4.56 m、4.09 m、4.47 m、5.09 m、4.66 m，2013~2015 年中游渠井结合灌区地下水埋深均值分别为 7.01 m、8.75 m、9.00 m，退化区及中游渠井结合灌区多年地下水埋深均值分别为 4.59 m、8.49 m。退化区及中游渠井结合灌区地下水埋深年际动态变化表明（见图 7-22、图 7-23），2014 年地下水开采量增加明显，特别是中游渠井结合灌区，2014 年 1~12 月地下水埋深分别较 2013 年同期增加 -0.07 m、0.36 m、1.26 m、0.46 m、1.47 m、1.45 m、1.08 m、2.47 m、2.69 m、3.53 m、3.17 m、2.90 m；2015 年 1~12 月地下水埋深分别较 2014 年同期增加 1.43 m、1.06 m、0.21 m、1.19 m、0.35 m、0.15 m、0.79 m、0.24 m、0.05 m、-1.10 m、-0.71 m、-0.57 m。

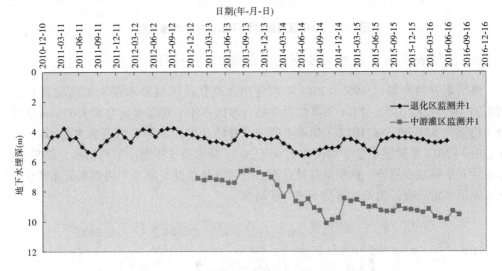

图 7-21　典型观测井地下水位年内动态变化

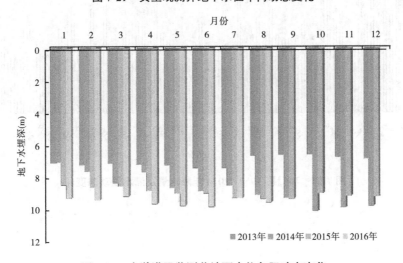

图 7-22　中游灌区监测井地下水位年际动态变化

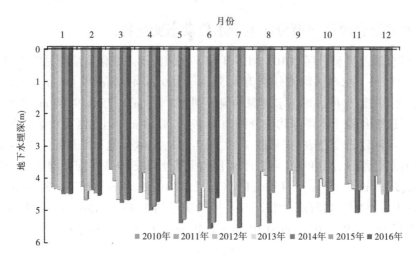

图 7-23　退化区监测井地下水位年际动态变化

四、区域农业用水与水文要素相关关系的动态评价

典型渠井结合灌区 1952~2014 年农业用水现状及区域降水量动态变化特征详见图 7-24~图 7-27。1952~2014 年典型渠井结合灌区多年平均降水量为 573.67 mm,3 年滑动平均值为 571.09 mm,1952~2014 年典型渠井结合灌区多年平均渠灌水量为 3.48 亿 m³,2010~2014 年渠灌水量平均仅为 2.90 亿 m³。降水量 5 年滑动平均值拟合结果表明,降水量有小幅减小趋势。典型渠井结合灌区气候变化条件下降水年内频率分布特征及灌区农业用水组成特征相关性有待于进一步研究。

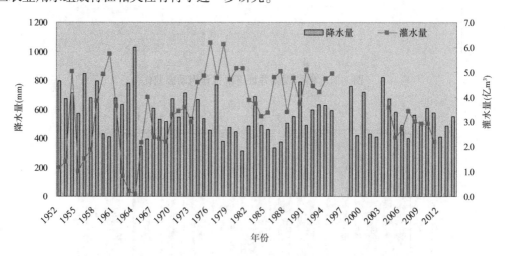

图 7-24　项目区 1952~2014 年降水量及灌水量动态变化

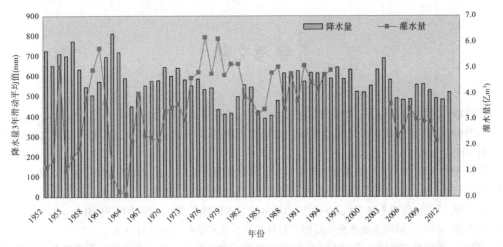

图 7-25　项目区 1952~2014 年降水量 3 年滑动平均值及灌水量动态变化

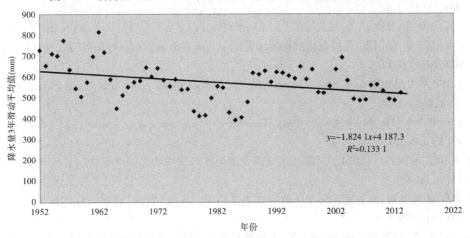

图 7-26　项目区 1952~2014 年降水量 3 年滑动平均值拟合结果

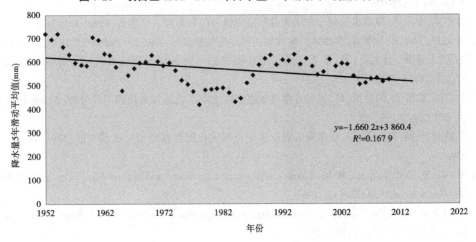

图 7-27　项目区 1952~2014 年降水量 5 年滑动平均值拟合结果

参考文献

[1] 邹体峰.美国水资源综合管理实践与思考[J].中国水能及电气化,2012,84(1):41-45.

[2] 马乃毅,徐敏.以色列水资源管理实践经验及对中国西北干旱区的启示[J].海外之窗,2013(2):117-119.

[3] 邹玮.澳大利亚可持续发展水政策对中国水资源管理的启示[J].水利经济,2013,31(1):48-52.

[4] 赵辉,齐学斌.地下水资源管理新技术与新方法[J].中国水利,2009(15):30-33.

[5] 何宝根.巴西水资源考察实践及对我们的启示[J].人民珠江,2011(增刊1):79-81.

[6] 雷志栋,杨诗秀.田间土壤水分入渗的空间分布[J].水利学报,1987(3):1-9.

[7] 康绍忠,蔡焕杰,刘晓明,等.农田"五水"相互转化的动力学模式及其应用[J].西北农业大学学报,1995,23(2):1-8.

[8] 王浩,王建华,贾仰文,等.现代环境下的流域水资源评价方法研究[J].水文,2006,26(3):18-21.

[9] 夏军,刘春蓁,任国玉.气候变化对我国水资源影响研究面临的机遇与挑战[J].地球科学进展,2011,26(1):1-12.

[10] GREE W H,AMPT G A. Studies on soil physics:Flow of air and water through soils[J]. J Agric Sci,1911,4(1):1-24.

[11] PHILIP J R. The theory of infiltration:The infiltration equation and its solution[J]. J Soil Sci,1957,83(5):345-357.

[12] 孟春红,路振广,马细霞,等.灌区水资源合理配置的模糊物元综合评价[J].人民黄河,2013,35(9):86-88.

[13] 张俊娥,陆垂裕,秦大庸,等.基于分布式水文模型的区域"四水"转化[J].水科学进展,2011,22(5):595-604.

[14] 张嘉星,齐学斌,Magzum Nurolla,等.人民胜利渠灌区适宜井渠用水比研究[J].灌溉排水学报,2017,36(2):58-63.

[15] 曾赛星,李寿声.灌溉水量分配大系统分解协调模型[J].河海大学学报,1990(1):67-75.

[16] 贺北方,丁大发,马细霞.多库多目标最优控制运用的模型与方法[J].水利学报,1995(3):84-89.

[17] 王浩,王建华,秦大庸,等.基于二元水循环模式的水资源评价理论方法[J].水利学报,2006,37(12):1496-1502.

[18] 赵志强,徐征和,闫良国,等.惠民县微咸水灌溉区土壤水盐运移数值模拟及分析[J].灌溉排水学报,2017,36(1):33-39.

[19] 张展羽,司涵,冯宝平,等.缺水灌区农业水土资源优化配置模型[J].水利学报,2014,45(4):403-409.

[20] Romjin E,TAMINGA M. Multi-objective decision making theory and methodology[M]. North Holland:Elsevier Science Publishing Co,1983.

[21] WILLIS R. Multiplie-criteria decision-making:A retrospective analysis[J]. IEEE Trans SYST,Man,Cybern,SYST,1987,15(3):213-220.

[22] FLEMING R A, ADAMS R M, KIM C S. Regulating groundwater pollution:Effects of geophysical response assumptions on economic efficiency[J]. Water Resources Research,1995,31:1069-1076.

[23] CARLOS P,GIDEON O,ABRAHAM M. Optimal operation of regional system with diverse water quality sources[J]. Journal of Water Resources Planning and Management,1997,123(2):105-115.

[24] FORTES P S,PLATONOV A E,PEREIR A L S. GISAREG-a GIS based irrigation scheduling simulation model to support improved water use and environmental control[J]. Agricultural Water Management,2005,77(1/2/3):159-179.

[25] 张玉雪,朱焱,杨金忠. 基于集合卡尔曼滤波的灌域尺度地下水多参数联合反演[J]. 灌溉排水学报,2018,37(5):66-74.

[26] 王金凤,周维博.水文生态学与生态水文学的区别与联系[J].人民黄河,2012,34(7):36-39.

[27] 代俊峰,崔远来.灌溉水文学及其研究进展[J].水科学进展,2008,19(2):294-300.

[28] 李佩成.论水文生态学的建立及其历史使命[J].灌溉排水学报,2012,31(1):1-4.

[29] 张建云,贺瑞敏,齐晶,等.关于中国北方水资源问题的再认识[J].水科学进展,2013,24(3):303-310.

[30] DUNBAR M J,ACREMAN M C. Applied hydro-ecological sciences for the twenty-first century[M]. Wallingford:IAH S Press,2001:117-128.

[31] WALLENDER W W,GRISMER M E. Irrigation hydrology:Crossing scales[J]. Journal of Irrigation and Drainage Engineering,2002,128(4):203-211.

[32] DAVID D B. An ecologist's perspective of ecohydrology[J]. Bulletn of the Ecological Society of America,2005,86:296-306.

[33] 梅旭荣,康绍忠,于强,等.协同提升黄淮海平原作物生产力与农田水分利用效率途径[J]. 中国农业科学,2013, 46(6):1149-1157.

[34] 张倩,全强,李健,等. 河套灌区节水条件下地下水动态变化分析[J].灌溉排水学报,2018,37(S2):97-101.

[35] 任庆福,杨志勇,李传哲,等. 变化环境下作物蒸散研究进展[J]. 地球科学进展,2013, 28(11):1227-1238.

[36] 赵玲玲,夏军,许崇育,等. 水文循环模拟中蒸散发估算方法综述[J]. 地理学报,2013, 68(1):127-136.

[37] 刘钰,汪林,倪广恒,等. 中国主要作物灌溉需水量空间分布特征[J]. 农业工程学报,2009,25(12): 6-12.

[38] Allen R G, Pereira L S,Raes D,et al. Crop evapotranspiration:guidelines for computing crop water requirement[R]. Irrigation and Drainage Paper No56, Rome:FAO,1998.

[39] 康绍忠. 农业水土工程概论[M]. 北京:中国农业出版社, 2007.

[40] Rodríguez-Itrube I,Porporato A. Ecohydrology of Water-Controlled Ecosystems:Soil Moisture and Plant Dynamics. New York:Cambridge University Press,2004.

[41] 贾仰文,王浩,等. 流域水循环及其半生过程综合模拟[M]. 北京:科学出版社,2012.

[42] 陈皓锐,高占义,王少丽,等. 基于 MODFLOW 的潜水位对气候变化和人类活动改变的响应[J].水利学报,2012, 43(3): 344-362.

[43] 闫宗正,房琴,路杨,等. 河北省地下水压采政策下水价机制调控冬小麦灌水量研究[J].灌溉排水学报,2018,37(8):91-97,128.

[44] 薛禹群,谢春红. 地下水数值模拟[M]. 北京:科学出版社,2007.

[45] 赵耕毛,刘兆普,陈铭达,等.海水灌溉滨海盐泽土的水盐运动模拟研究[J].中国农业科学,2003,36(6):676-680.

[46] 路振广,邱新强.不同灌水定额条件下夏玉米生长发育及耗水特性分析 [J]. 节水灌溉. 2012(12):

46-50.

[47] 吴向东.滨海盐碱地田块尺度土壤水盐空间分布特征的初步研究[D].西安:长安大学,2012.

[48] 马婷婷,薛娴,黄翠华,等.咸水膜下滴灌频率对土壤表层水盐环境的影响[J].灌溉排水学报,
2017,36(8):32-38.

[49] 胡健,吕一河.土壤水分动态随机模型研究进展[J].地理科学进展,2015,34(3):389-400.

[50] 黄仲冬,齐学斌,樊向阳,等.降水和蒸散对夏玉米灌溉需水量模型估算的影响[J].农业工程学报,
2015,31(5):85-90.

[51] 胡亚琼,刘静,廖丽莎.美国德克萨斯州高地平原区地下水灌溉管理方法研究[J].灌溉排水学报,
2019,38(1):96-100,115.

[52] Rodriguez-Iturbe I, Porporato A, Ridolfi L,et al. Probabilistic modelling of water balance at a point:the
role of climate, soil and vegetation[J]. Proceedings Mathematical Physical & Engineering Sciences,
1999,455(1990):3789-3805.

[53] Laio F,Porporato A, Ridolfi L, et al. Plants in water-con-trolled ecosystems:active role in hydrologic
processesand response to water stress:II. probabilistic soil mois-ture dynamics[J]. Advances in Water
Resources,2001,24(7):707-723.

[54] 罗文兵,陈颖姝,张晓春,等.基于 Landsat8 OLI 与 MODIS 数据的洪涝季节作物种植结构提取[J].
农业工程学报,2014,30(21):165-173.

[55] 贾艳辉,武玉刚,朱文江,等.宝山农场地下水动态分析[J].灌溉排水学报,2018,37(9):73-78.

[56] 杨艳鲜,张丹,雷宝坤,等.洱海近岸菜地浅层地下水动态变化特征及影响因素[J].灌溉排水学报,
2017,36(12):101-109.

[57] 李卫国,蒋楠.基于面向对象分类的冬小麦种植面积提取[J].麦类作物学报,2012,32(4):701-
705.

[58] 张超,金虹杉,刘哲,等.基于 GF 遥感数据纹理分析识别制种玉米[J].农业工程学报,2016,
32(21):183-188.

[59] 朱秀芳,贾斌,潘耀忠,等.不同特征信息对 TM 尺度冬小麦面积测量精度影响研究[J].农业工程
学报,2007,23(9):122-129.

[60] 冯忠伦,刁维杰,焦裕飞,等.基于 Kriging 插值方法改善地下水数值模型的精度[J].灌溉排水学
报,2017,36(4):83-87.

[61] 许登科,杨泽元,郑志伟,等.陕北风沙草滩区包气带含水率、地下水埋深与降水量的关系研究[J].
灌溉排水学报,2017,36(1):22-28.

[62] 任国贞,江涛.基于灰度共生矩阵的纹理提取方法研究[J].计算机应用与软件,2014,31(11):190-
192.

[63] 邬明权,王长耀,牛铮.利用多源时序遥感数据提取大范围水稻种植面积[J].农业工程学报,
2010,26(7):240-244.

[64] 董起广,周维博.泾惠渠灌区地下水生态水位研究[J].灌溉排水学报,2018,37(S1):70-73.

[65] 赵英时.遥感应用分析原理与方法[M].2 版.北京:科学出版社,2013.

[66] 刘淼.基于地理信息系统的海河流域蒸散量时空分布特征研究[D].杨凌:西北农林科技大学,
2009.

[67] 宋妮,孙景生,王景雷,等.基于 Penman 修正式和 Penman-Monteith 公式的作物系数差异分析[J].
农业工程学报,2013,29(19):88-97.

[68] 张清越.吉林省玉米灌溉需水的时空变化研究[D].长春:东北师范大学,2014.

[69] 刘佳帅,杨文元,郝培净,等.季节性冻融区地下水位预测方法研究[J].灌溉排水学报,2017,

36(6):95-99.

[70] 张智韬,粟晓玲,党永仁,等.泾惠渠灌区作物种植结构变化对灌溉需水量的影响[J].农业机械学报,2016,47(10):122-130.

[71] 雷宏军,乔姗姗,潘红卫,等.贵州省农业净灌溉需水量与灌溉需求指数时空分布[J].农业工程学报,2016,32(12):115-121.

[72] 李发菊,阳建新,张秀丽.浅谈河北地下水资源开采情况及引发的灾害[J].地下水,2011,33(1):36-38.

[73] 王永东.浅谈地下水漏斗区的治理与恢复[J].地下水,2015(1):138-139.

[77] 尹涛,王瑞燕,杜文鹏,等.黄河三角洲地区植被生长旺盛期地下水埋深遥感反演[J].灌溉排水学报,2018,37(2):95-100.

[75] 刘燕.泾惠渠灌区地下水位动态变化特征及成因分析[J].人民长江,2010,41(8):100-107.

[76] 杨奕,邢立亭,李常锁,等.内陆平原区地下水系统中黏土的阻滞作用[J].灌溉排水学报,2018,37(7):91-98.

[77] 吴兴远.模式搜索法在最优化问题中的应用[J].软件导刊,2009,8(8):122-123.

[78] 徐小平,钱富才,王峰.一种辨识 Wiener-Hammerstein 模型的新方法[J].控制与决策,2008,23(8):929-934.

[79] 蒋任飞,白丹,阮本清,等.石嘴山市地下水流模型及其数值模拟[J].地下水,2005,27(6):447-451.

[80] 王增丽,温广贵.干旱区垄膜沟灌条件下土壤水盐空间分布特征研究[J].灌溉排水学报,2017,36(5):47-51.

[81] 李朝阳,王兴鹏,杨玉辉,等.不同水头压力的微润灌对土壤水盐运移的影响[J].灌溉排水学报,2017,36(6):22-26.

[82] 曲嘉伟.有限差分法在地下水资源合理开发中的应用[J].产业与科技论坛,2014(5):54-55.

[83] 陈震.人民胜利渠灌区多水源灌溉应对干旱分析[D].北京:中国农业科学院,2013.

[84] 秦欢欢,郑春苗,孙占学,等.沉降中心减采对北京平原地下水利用的影响分析[J].灌溉排水学报,2019,38(3):108-113,128.

[85] 马驰,石辉,卢玉东.MODFLOW在西北地区地下水资源评价中的应用——以甘肃西华水源地地下水数值模拟计算为例[J].干旱区资源与环境,2006,20(2):89-93.

[86] 刘路广,崔远来.灌区地表水-地下水耦合模型的构建[J].水利学报,2012,43(7):826-827.

[87] 谢菲,蔡焕杰,赵春晓,等.泾惠渠灌区地下水化学特征及其对不同水源灌溉的响应[J].灌溉排水学报,2017,36(4):77-82.

[88] 李平,齐学斌,Magzum N,等.渠井用水比对灌区降水响应及其环境效应分析[J].农业工程学报,2015,31(11):123-128.

[88] 李平,Magzum N,梁志杰,等.渠井用水比例对土壤脱盐与地下水化学特征的影响[J].中国农业科学,2017,50(3):526-536.